大自然的愤怒

灾害

王子安◎主编

汕头大学出版社

图书在版编目（CIP）数据

　　大自然的愤怒——灾害 / 王子安主编. -- 汕头：
汕头大学出版社，2012.4（2024.1重印）
　　ISBN 978-7-5658-0679-7

　　Ⅰ．①大… Ⅱ．①王… Ⅲ．①自然灾害－普及读物
Ⅳ．①X43-49

　　中国版本图书馆CIP数据核字(2012)第057984号

大自然的愤怒——灾害

主　　编：王子安
责任编辑：胡开祥
责任技编：黄东生
封面设计：君阅天下
出版发行：汕头大学出版社
　　　　　广东省汕头市汕头大学内　邮编：515063
电　　话：0754-82904613
印　　刷：唐山楠萍印务有限公司
开　　本：710mm×1000mm　1/16
印　　张：12
字　　数：78千字
版　　次：2012年4月第1版
印　　次：2024年1月第2次印刷
定　　价：55.00元
ISBN 978-7-5658-0679-7

版权所有，翻版必究
如发现印装质量问题，请与承印厂联系退换

前　言

　　青少年是我们国家未来的栋梁，是实现中华民族伟大复兴的主力军。一直以来，党和国家的领导人对青少年的健康成长教育都非常关心。对于青少年来说，他们正处于博学求知的黄金时期。除了认真学习课本上的知识外，他们还应该广泛吸收课外的知识。青少年所具备的科学素质和他们对待科学的态度，对国家的未来将会产生深远的影响。因此，对青少年开展必要的科学普及教育是极为必要的。这不仅可以丰富他们的学习生活、增加他们的想象力和逆向思维能力，而且可以开阔他们的眼界、提高他们的知识面和创新精神。

　　长期以来，人类经常会受到各种形式的灾害。它们迫使灾民迁移，给社会管理带来困难，造成社会秩序的不稳定。《大自然的愤怒——灾害》一书就为您讲述诸如地震、火山、滑坡、旱灾、沙尘暴、温室效应、海啸、台风等灾害的发生、形成与危害，以帮助读者更好的认识灾害并战胜灾害，从而保护人类赖以生存的生活环境。

　　本书属于"科普·教育"类读物，文字语言通俗易懂，给予读者一般性的、基础性的科学知识，其读者对象是具有一定文化知识程度与教育水平的青少年。书中采用了文学性、趣味性、科普性、艺术性、文化性相结合的语言文字与内容编排，是文化性与科学性、自然性与人文性相融合的科普读物。

　　此外，本书为了迎合广大青少年读者的阅读兴趣，还配有相应的图文解说与介绍，再加上简约、独具一格的版式设计，以及多元素色彩的内容编排，使本书的内容更加生动化、更有吸引力，使本来生趣盎然的知识内容变得更加新鲜亮丽，从而提高了读者在阅读时的感官效果。

　　尽管本书在编写过程中力求精益求精，但是由于编者水平与时间的有限、仓促，使得本书难免会存在一些不足之处，敬请广大青少年读者予以见谅，并给予批评。希望本书能够成为广大青少年读者成长的良师益友，并使青少年读者的思想能够得到一定程度上的升华。

2012年3月

目 录
contents

第一章　地质灾害

地　震 …………………… 3　　泥石流 …………………… 27

火　山 …………………… 10　　土地冻融 ………………… 31

滑　坡 …………………… 17　　水土流失 ………………… 32

崩　塌 …………………… 23　　土地荒漠化 ……………… 35

第二章　气象灾害

旱　灾 …………………… 43　　沙尘暴 …………………… 61

涝　灾 …………………… 48　　雪　灾 …………………… 68

冷　害 …………………… 53　　寒　潮 …………………… 74

冻　害 …………………… 58

contents

第三章　环境灾害

温室效应·················· 81
酸　雨·················· 88
水污染·················· 94
大气污染·················· 99
光污染··················102
室内污染··················107

臭氧层··················112
噪声污染··················118
放射性污染··················124
基因污染··················126
环境激素污染··················129

第四章　海洋灾害

海　啸··················139
台　风··················143
海　冰··················151
赤　潮··················156
龙卷风··················163

厄尔尼诺现象··················169
拉尼娜现象··················173
灾害性海浪··················175
风暴潮··················182

第一章

地质灾害

地质灾害通常指由于地质作用而带来的人民生命财产损失的灾害。如崩塌、滑坡、泥石流、地裂缝、地面沉降、地面塌陷、岩爆、坑道突水、煤层自燃、黄土湿陷、岩土膨胀、砂土液化、土地冻融、水土流失、土地沙漠化及沼泽化、土壤盐碱化，以及地震、火山、地热害等。

地质灾害的分类十分复杂，从其成因来看，主要分为自然地质灾害和人为地质灾害，前者指降雨、融雪、地震等，后者指由工程开挖、堆载、爆破、弃土等引发的地质灾害；从地质环境或地质体变化的速度来看，主要分为突发性地质灾害与缓变性地质灾害，前者如崩塌、滑坡、泥石流等，后者如水土流失、土地沙漠化等，又称环境地质灾害；从地质灾害发生区的地理或地貌特征来看，主要分为山地地质灾害和平原地质灾害，前者如崩塌、滑坡、泥石流等，后者如地质沉降等。地质灾害灾情按危害程度

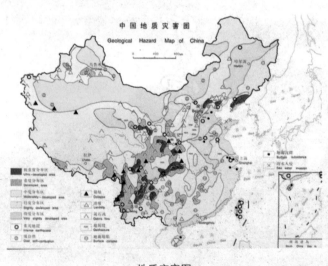

地质灾害图

和规模大小可分为特大型地质灾害险情、大型地质灾害险情、中型地质灾害险情和小型地质灾害险情四级。在这一章里，我们就来一起谈一下地质灾害的相关知识。

地　震

地震又称地动、地振动，是地壳快速释放能量过程中造成的振动期间产生地震波的一种自然现象。地震就是地球表层的快速振动，就像刮风、下雨、闪电一样，在地球上经常发生。所有的自然灾害中，地震对人类生存的威胁最大。在全世界所有自然灾害造成的人员伤亡中，地震占据了一半以上，被称为"群灾之首"。地震极其频繁，据统计，全球每年发生地震约500万次。地震不仅夺走数万人的生命，还毁灭无数财产。同时，它还形成海啸、水灾、山崩、地陷、火山爆发等次生灾害。

地震波发源的地方，叫作震源。震源在地面上的垂直投

地振动

火　山

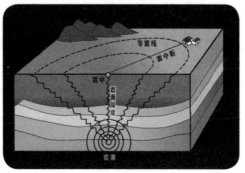

震　源

影，地面上离震源最近的一点称为震中。震中是接受振动最早的部位。震中到震源的深度叫作震源深度。通常将震源深度小于70千米的叫浅源地震，深度在70~300千米的叫中源地震，深度大于300千米的叫深源地震。对于同样大小的地震，由于震源深度不一样，对地面造成的破坏程度也不一样。震源越浅，破坏越大，但波及范围也越小，反之也是一样。破坏性地震一般是浅源地震。如1976年的唐山地震的震源深度为12千米。某地与震中的距离叫震中距。震中距小于100千米的地震称为地方震，在100~1000千米之间的地震称为近震，大于1000千米的地震称为远震。其中，震中距越长的地方受到的影响和破坏越小。当某地发生一个较大的地震时，在一段时间内往往会发生一系列的地震，其中最大的一个地震叫做主震，主震之前发生的地震叫前震，主震之后发生的地震叫余震。

① 两个板块沿断层带滑动

断层

② 造成地震

震中（震源的正上方）

震源深度

震波（从震中向四周辐射）

震源

构造地震

震级是表征地震强弱的量度，是指地震的大小，是以地震仪测定的每次地震活动释放的能量多少来确定的。震级通常用字母M表示。震级作为一个观测项目，是美国地震学家C.F.里克特于1935年首先提出的。最初的原始震级标度只适用于近震和地方震。1945年，B.谷登堡把震级的应用推广到远震和深源地震，奠定了震级体系的基础。目前国际上使用的地震震级——里克特级数，就是由里克特

里克特

所制定，它的范围在 1～10 级之间。它直接同震源中心释放的能量（热能和动能）大小有关，震源放出的能量越大，震级就越大。里克特级数每增加一级，即表示所释放的热能量大了约32倍。通常把小于2.5级的地震叫小地震，2.5～4.7级地震叫有感地震，大于4.7级地震称为破坏性地震，大于等于8级的又称为巨大地震。

引起地球表层振动的原因很多，根据地震的成因，可以把地震分为以下几种：

构造地震：由于地下深处岩石破裂、错动把长期积累起来的能量急剧释放出来，以地震波的形式向四面八方传播出去，到地面引起的房摇地动称为构造地震。这类地震发生的次数最多，破坏力也最大，约占全世界地震的90%以上。

火山地震：由于火山作用，如岩浆活动、气体爆炸等引起的地震称为火山地震。只有在火山活动区才可能发生火山地震，这类地震只占全世界地震的7%左右。

塌陷地震：由于地下岩洞或矿井顶部塌陷而引起的地震称为塌陷地震。这类地震的规模比较小，次数也很少。即使有，也往往发生在溶洞密布的石灰岩地区或大规模地下开采的矿区。

诱发地震：由于水库蓄水、油田注水等活动而引发的地震称为诱发地震。这类地震仅仅在某些特定的水库库区或油田地区发生。

人工地震：人工地震是由人为活动引起的地震。如

核爆炸

5

工业爆破、地下核爆炸造成的振动；在深井中进行高压注水以及大水库蓄水后增加了地壳的压力，有时也会诱发地震。

地震和刮风下雨一样，都是一种自然现象，在它来临之前是有前兆的。特别是强烈地震，在孕育过程中总会引起地下和地上各种物理及化学变化，给人们提供信息。在震前的一段时间内，震区附近总会出现一些异常变化。如地下水会突然升、降或变味、发浑、发响、冒泡，天气会骤冷、骤热，出现大旱、大涝，电磁场也会发生一定的变化，临震前动物、植物会出现一些异常反应等。只要根据这些反应进行综合研究，再加上专业部门从地震机制、地震地质、地球物理、地球化学、生物变化、天体影响及气象异常等方面利用仪器观测的数据进行处理分析，就可以对发震的时间、地点和震级进行预报。

在地震预报方面，我国地震工作者已经取得可喜的成绩。1975年2月4日海城7.3级地震时，我国做出了成功的预报，这是人类历史上的第一次成功的地震预报。在其后又成功地预报了1976年5月29日云南龙陵7.3级地震和1976年8月16日、8月29日在四川松潘、平武之间发生的两次7.2级地震。成功的地震预报不但可以极大地减轻人员伤亡，而且具有明显的经济效益和社会效益。但是，我们只是对于地震孕育发生的原理、规律已经有了一定的认识，但还没有完全认识；我们能够对某些类型的地震做出一定程度的预报，但还不能预报所有的地震；我们作出的较大时间尺度的中长期预报已有一定的可信度，但短临预报的成功率还相对较低。

地震震后一角

唐山大地震震后

由于地震成因的复杂性和发震的突然性，以及人们现时的科学水平有限，直到目前为止，地震预报还是一个世界性的难题。所有的地震预报都还停留在半经验半理论阶段，全球每年在陆地上发生的几次七级以上地震及我国近些年发生的一些中强地震，特别是1976年唐山7.8级大地震都未能作短临预报。这些地震给人类带来了极大的灾难。因此，地震预报需要全世界科学家的共同合作，需要全社会的共同关注，需要地震工作者几代人的艰苦奋斗才有可能最终在理论上攻克。

地震发生时的自救措施：地震发生时，最重要的是要有清醒的头脑和镇静自若的态度。只有镇静，才有可能运用平时学到的地震知识判断地震的大小和远近。近震常以上下颠簸开始，之后才左右摇摆。远震却少有上下颠簸感觉，而以左右摇摆为主。一般小震和远震不必外逃。由此可见，虽然目前人类还不能完全避免和控制地震，但是只要能掌握自救互救技能，就能使灾害降到最低限度。总结有以下几点：

（1）保持镇静在地震中十分重要，不少无辜者并不是因为房屋倒塌被砸伤或挤压致死，而是由于精神崩溃，失去生存的希望，乱喊、乱叫，在极度恐惧中丧失了自己的生命。这是因为，乱喊乱叫会加速新陈代谢，增加氧的消耗，使体力下降、耐受力降低；同时，大喊大叫的同时会吸入大量烟尘，容易造成窒息。因此，无论处于多么恶劣的环境之下，都始终要保持镇静，分析所处环境，寻找出路，等待救援。

（2）地震中最常见的伤害是出血、固定砸伤和挤压伤。开放性创伤，外出血应首先抬高患肢，同时呼救。对开放性骨折，不应作现场复位，以防止组织再度受伤，一般用清洁纱布覆盖创面，作简单固定后再进行运转。不同部位骨折，按不同要求进行固定。并参照不同伤势、伤情进行分类、分级，送医院进一步处理。

（3）妥善处理伤口挤压伤时，应想办法尽快解除重压，遇到大面积创伤者，要保持伤者创面的清洁，用干净纱布包扎创面，怀疑有破伤风和产气杆菌感染时，应第一时间与医院联系，以便能够及时诊断和治疗。对大面积创伤和严重创伤者，可口服糖盐水，预防休克的发生。

糖盐水

（4）地震常常会引起许多"次灾害"，火灾便是其中的一种。在大火中应尽快脱离火灾现场，脱下燃烧的衣帽，或用湿衣服覆盖身上，或卧地打滚，也可用水直接浇灭火。千万不要用双手扑打火苗，否则会引起双手烧伤。如果双手被烧伤，则应使用消毒纱布或清洁布料包扎后送医院进行进一步处理。

（5）要预防破伤风和气性坏疽，并且要尽早深埋尸体，注意饮食饮水卫生，防止大灾之后出现大疫。

自然小百科

关于地震的谚语

响声一报告，地震就来到。

大震声发沉，小震声发尖。

响得长，在远程；响得短，离不远。

先听响，后地动，听到响声快行动。

上下颠一颠，来回晃半天。

离得近，上下蹦；离得远，左右摆。

上下颠，在眼前；晃来晃去在天边。

房子东西摆，地震东西来；要是南北摆，它就南北来。

喷沙冒水沿条道，地下正是故河道。

冒水喷沙哪最多？涝洼碱地不用说。

涝洼碱地

豆腐一挤，出水出渣；地震一闹，喷水喷沙。

洼地重，平地轻；沙地重，土地轻。

砖包土坯墙，抗震最不强。

酥在颠劲上，倒在晃劲上。

女儿墙，房檐围，地震一来最倒霉。

地基牢一点，离河远一点；墙壁好一点，连结紧一点；房子矮一点，房顶轻一点；布局合理点，样子简单点；要想再好点，互相多学点。

地震闹，雨常到，不是霆来就是暴。

阴历十五搭初一，家里做活多注意。

井水是个宝，前兆来得早。

地下水，有前兆：不是涨，就是落；甜变苦，苦变甜；又发浑，又翻沙；见到了，要报告。为什么？闹预报。

火 山

火山喷发是岩浆等喷出物在短时间内从火山口向地表的释放。由于岩浆中含大量挥发份，加之上覆岩层的围压，使这些挥发份溶解在岩浆中无法溢出，当岩浆上升靠近地表时，压力减小，挥发分急剧被释放出来，于是形成火山喷发。火山喷发是一种奇特的地质现象，是地壳运动的一种表现形式，也是地球内部热能在地表的一种最强烈的显示。许多

昆仑山系

书籍中都对火山喷发的情形做了详细的描述。早在2000多年前，中国古代典籍《山海经》中就记载了昆仑山一带有"炎火之山"，以为"山在燃烧"，因名"火山"。这是世界上关于火山最早的记载。在《黑龙江外传》中记述了黑龙江五大连池火山群中两座火山喷发的情况。"墨尔根（今嫩江）东南，一日地中出火，石块飞腾，声振四野，越数日火熄，其地遂成池沼。此康熙五十八年事。"

　　火山活动能喷出多种物质，在喷出的固体物质中，一般有被爆破碎了的岩块、碎屑和火山灰等；在喷出的液体物质中，一般有熔岩流、水、各种水溶液以及水、碎屑物和火山灰混合的泥流等；在喷出的气体物质中，一般有水蒸汽和碳、氢、氮、氟、硫等的氧化物。除此之外，在火山活动中，还常喷射出可见或不可见的光、电、磁、声和放射性物质等，这些物质有时能致人于死地，或使电、仪表等失灵，使飞机、轮

船等失事。

火山按其活动性质，可分为活火山、休眠火山和死火山三种类型。活火山指现代尚在活动或周期性发生喷发活动的火山。这类火山正处于活动的旺盛时期。如爪哇岛上的梅拉皮火山，本世纪以

休眠火山

来，平均间隔两三年就要持续喷发一个时期，我国近期火山活动以台湾岛大屯火山群的主峰七星山最为有名。有史以来曾经喷发过，但长期以来处于相对静止状态的火山被称为休眠火山。此类火山都保存有完好的火山锥形态，仍具有火山活动能力，或尚不能断定其已丧失火山活动能力。如我国白头山天池，曾于1327年和1658年两度喷发，在此之前还有多次活动。目前虽然没有喷发活动，但山坡上一些深不可测的喷气孔中会不断喷出高温气体，可见该火山目前正处于休眠状态。史前曾发生过喷发，但有史以来一直未活动过的火山为死火山。此类火山已丧失了活动能力。有的火山仍保持着完整的火山形态，有的则已遭受风化侵蚀，只剩下残缺不全的火山遗迹。我国山西大同火山群在方圆约123平方公里的范围内，分布着99个孤立的火山锥，其中狼窝山火山锥有将近1900米高。

火山喷发时地球表面就像是被炸开了一条连接地心身处的通道，一时间大量炙热的岩浆、气体、尘埃和威严碎屑、熔岩块、石块等冲向高空，形成一根巨大粗壮的火柱。火柱冲到一定高度，体积急速膨胀，形成了似氢弹爆炸的蘑菇状烟云。云烟是由喷出去的气体、水蒸气以及细小的火山碎屑物、岩屑物质等构成的，其中带正电荷的大量水汽与带负电荷的火山灰在高空相遇，由于高空气温低，两者迅速结合凝成雨滴，以暴雨形式降落，并伴有闪电雷鸣，形成一种自然现象。

火山喷发按岩浆的通道来分可以分为两类：一类是裂隙式喷发，又称冰岛型火山喷发。喷发时岩浆沿地壳中的断裂带溢出地表。喷发温和宁静，喷出的岩浆为粘性小的碱性玄武岩浆，碎屑和气体较少。碱性熔岩溢出后形成广而薄的熔岩被或玄武岩高原。熔岩锥沿断裂带呈线状排列。还有一类是中心式喷发，喷发时岩浆沿火山喉管喷出地面。如果根据喷出物的性质和喷发的强烈程度又可以分为以下几种：一是夏威夷型喷发。没有强烈爆发，岩浆为碱性熔岩，

岩　浆

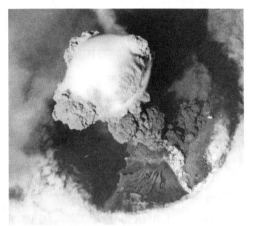

火山灰

气体和火山灰很少。火山锥为盾形，顶部碗状火山口中有灼热熔岩湖和熔岩喷泉。二是斯特朗博型喷发。具有中等程度爆炸，喷出物主要是火山弹、火山碴和老岩石碎屑，气体较多，火山锥为碎屑锥或层状锥。三是培雷型喷发。具有强烈喷发爆炸，岩浆为粘稠的中、酸性，多气体。喷发时形成迅猛的火山灰流。四是乌尔坎诺型喷发。乌尔坝诺型属强烈喷发的一种，粘性带有棱角的大块熔岩伴随大量火山灰抛出地面，形成烟柱，熔岩流少或没有，火山锥为碎屑锥或层状锥。五是普里尼型喷发。普里尼型喷发爆炸特别强烈。喷发时产生高耸入云的发光火山云和

火山灰流。火山锥顶呈被炸坏的火山口。六是超乌尔坎诺型喷发。喷出物主要是岩石碎屑和火山灰、气体，无岩浆，喷出物量不多，火山口低平；蒸气喷发型是连续的或周期性地喷出水蒸气。

世界最高的死火山——阿空加瓜山

火山爆发会给人类带来巨大的灾害：火山爆发时喷出的大量火山灰和火山气体，会对气候造成极大的影响。因为在这种情况下，昏暗的白昼和狂风暴雨，甚至泥浆雨都会困扰当地居民长达数月之久。被喷到高空中去的火山灰和火山气体，会随风散布到很远的地方。这些火山物质会遮住阳光，导致气温下降。此外，火山爆发还会对环境起到极大的破坏作用。火山爆发喷出的大量火山灰和暴雨结合形成的泥石流能冲毁道路、桥梁，淹没附近的乡村和城市，使得无数人无家可归。泥土、岩石碎屑形成的泥浆还会淹没整座城市。

但是，火山喷发也并不是一无是处。正确掌握火山资源，也可以给我们的生活带给乐趣和便利。一般来说，火山资源主要体现在旅游价值、地热利用和火山岩材料三个方面。火山和地热是一对双胞胎，有火山的地方一般就有地热资源。地热能是一种非常便宜的新能源，且无污染，因而在医疗、旅游、农用温室、水产养殖、民用采暖、工业加工和发电等方面都有广泛的应用。人们曾对卡迈特火山区进行过地热能的计算，那里有成千上万个天然

冰岛地热奇观

蒸气和热水喷口，平均每秒喷出的热水和蒸气达2万立方米，一年内可从地球内部带出热量40万亿大卡，相当于600百万吨煤的能量。再比如处于火山活动频繁地带的冰岛，可开发的地热能为450亿千瓦时，地热能年发电量可达72亿千瓦时，虽然目前开发的仅占其中的7%，但已经给当地人民带来了极好的效益。地热资源干净卫生，大大减少了石油等能源进口。自1975年后，冰岛的空气质量得到了极大地改善。冰岛人还善于提高地热资源的使用效率，包括进行温室蔬菜花草种植、建立全天候室外游泳馆、在人行道和停车场下铺设热水管道以加快冬雪融化等。现在，全世界有十几个国家都在利用地热发电，我国西藏的羊八井建立了全国最大的地热试验基地，并取得了很好的成绩。

除上述所说之外，火山活动还可以形成多种矿产，最常见的是硫磺矿的形成。陆地喷发的玄武岩，常结晶出自然铜和方解石，海底火山喷

夏威夷那罗亚火山的熔岩流

发的玄武岩，常可形成规模巨大的铁矿和铜矿。另外，我们所熟知的钻石的形成也和火山有关。玄武岩是分布最广的一种火山岩，同时它又是良好的建筑材料。熔炼后的玄武岩称为铸石，铸石最大的特点是坚硬耐磨、耐酸、耐碱、不导电，可以制成各种板材、器具等。

自然小百科

地球上的著名火山

　　日本富士山：位于日本梨县东南部与静冈县交界处，海拔3776米，是日本第一高峰。山峰高耸入云，山巅白雪皑皑。

　　斯德朗博利火山：位于意大利西西里风神岛，经常喷发，每小时准时喷发2～3次，已经持续了2000多年，从古代起就被称为"地中海的灯塔"。

　　圣海伦斯火山：位于美国的华盛顿州，在1980年喷发之前，山顶布满积雪，被称为"美国的富士山"。

日本富士山　　　　　　　圣海伦斯火山　　　　　　　雷尼尔山

　　雷尼尔山：位于华盛顿州，是美国最高的火山，常年被冰雪覆盖，是美国著名的旅游胜地。

　　马荣火山：位于菲律宾首都马尼拉东南约300千米处，是菲律宾最高的活火山。

　　埃特纳火山：位于意大利的西西里岛，是一座著名的活火山，自有记录来共爆发200多次。

　　科多帕西火山：位于厄瓜多尔境内，海拔5897米，是世界上最高的活火山。

　　比亚利卡火山：位于智利普孔小镇的比亚利卡湖畔，银装素裹，风景秀美。

马荣火山

　　桑托林火山：位于希腊爱琴海的桑托林岛上。20世纪中有过3次小规模的喷发。大约在公元前1645年有过一次猛烈的喷发。

滑　坡

　　滑坡俗称"走山""垮山""地滑""土溜"等，是指斜坡上的土体或者岩体受河流冲刷、地下水活动、地震及人工切坡等因素影响，在重力作用下，沿着一定的软弱面或者软弱带整体地或者分散地顺坡向下滑动的自然现象。

　　根据滑坡的滑动速度，可以将滑坡分为四类。蠕动型滑坡：人们只能通过仪器观测发现，单凭肉眼根本看不到的滑坡的活动；慢速滑坡：

滑　坡

地震滑坡

每天滑动数厘米至数十厘米，人们凭肉眼就可直接观察到滑坡的活动；中速滑坡：每小时滑动数十厘米至数米的滑坡；高速滑坡：每秒滑动数米至数十米的滑坡。根据滑坡体体积，可以将滑坡分为4个等级。小型滑坡：滑坡体积小于10×10^4立方米；中型滑坡：滑坡体积为$10 \times 10^4 \sim 100 \times 10^4$立方米；大型滑坡：滑坡体积为$100 \times 10^4 \sim 1000 \times 10^4$立方米；特大型滑坡（巨型滑坡）：滑坡体体积大于$1000 \times 10^4$立方米。

降雨对滑坡的影响很大。雨水的大量下渗，导致斜坡上的土石层饱和，甚至在斜坡下部的隔水层上击水，从而增加了滑体的重量，降低土石层的抗剪强度，导致滑坡产生。此外，地震对滑坡的影响也很大。首先是地震的强烈作用使斜坡土石的内部结构发生破坏和变化，原有的结构面张裂、松弛，加上地下水也有较大变化，特别是地下水位的突然升高或降低对斜坡稳定是很不利的。另外，一次强烈地震的发生往往伴随着许多余震，在地震力的反复振动冲击下，斜坡土石体就更容易发生变形，最后就会发展成滑坡。

滑坡的产生与以下两个方面的条件相关：一是地质条件与地貌条件；二是内外营力（动力）和人为作用的影响。就地质条件与地貌条件而言，与以下几个方面有关：

（1）岩土类型：岩土体是产生滑坡的物质基础。一般来说，各类岩、土都有可能构成滑坡体。其中，结构松散，抗剪强度和抗风化能力低，在水的作用下其性质能发生变化的岩、土构成的斜坡易发生滑坡。

（2）地质构造条件：组成斜坡的岩、土体只有被各种构造面切割分离成不连续状态时，才具备向下滑动的条件。因此，各种节理、裂隙、层面、断层发育的斜坡，特别是当平行和垂直斜坡的陡倾角构造面及顺坡缓倾的构造面发育时，最易发生滑坡。

（3）地形地貌条件：只有处于一定的地貌部位，具备一定坡度的斜坡，才可能发生滑坡。一般来说，坡度大于10度，小于45度，下陡中缓上陡、上部成环状的坡形是产生滑坡的有利地形。

（4）水文地质条件：地下水活动，在滑坡形成中起着软化岩、土，降低岩、土体的强度，产生动水压力和孔隙水压力，潜蚀岩、土，增大岩、土容重，对透水岩层产生浮托力等作用。

就内外营力（动力）和人为作用的影响而言，现今地壳运动的地区和人类工程活动的频繁地区多易发生滑坡，外界因素和作用可以使产生滑坡的基本条件发生变化，从而诱发滑坡。造成滑坡的主要诱发因素有：地震、降雨和融雪、地表水的冲刷、浸泡、河流等地表水体对斜坡坡脚的不断冲刷可诱发滑坡；不合理的人类工程活动，如开挖坡脚、坡体上部堆载、爆破、水库蓄（泄）水、矿山开采等都可诱发滑坡，还有如海啸、风暴潮、冻融等作用也可诱发滑坡。

不同类型、不同性质、不同特点的滑坡在滑动之前，都会显示出滑

矿山开采现场

坡的预兆。总结起来有如下几种：

（1）滑坡前缘坡脚处有堵塞多年的泉水复活现象，或者出现泉水（井水）突然干枯、井（钻孔）水位突变等类似的异常现象。

（2）滑坡体前部出现横向及纵向放射状裂缝。

（3）滑坡体前缘坡脚处，土体出现上隆（凸起）现象。

（4）有岩石开裂或被剪切挤压的影响，这种现象反映了深部变形与破裂。

（5）滑坡体四周岩（土）体会出现小型崩塌和松弛现象。

海啸

（6）大滑动之前，无论是水平位移量或垂直位移量，均会出现加速变化的趋势。

（7）滑坡后缘的裂缝急剧扩展，并从裂缝中冒出热气或冷风。

（8）临滑之前，在滑坡体范围内的动物惊恐异常，植物枯萎或歪斜。

滑坡的防治要贯彻"及早发现，预防为主；查明情况，综合治理；力求根治，不留后患"的原则。结合边坡失稳的因素和滑坡形成的内外部条件，治理滑坡可以从消除和减轻地表水和地下水的危害、改善边坡岩土体的力学强度这两个大的方面着手。消除和减轻地表水和地下水的危害、消除和减轻水对边坡的危害尤其重要。

具体做法有：防止外围地表水进入滑坡区，可在滑坡边界修截水沟；在滑坡区内，可在坡面修筑排水沟。在覆盖层上可用浆砌片石或人造植被，防止地表水下渗。对于岩质边坡还可用喷混凝土护面或挂钢筋网喷混凝土。通过一定的工程技术措施，改善边坡岩土体的力学强度，提高其抗滑力，减小滑动力。常用的措施有：（1）削坡减载，用降低坡高或放缓坡角来改善边坡的稳定性。

（2）边坡人工加固。常用的方法有：修筑挡土墙、护墙等支挡不稳定岩体；钢筋混凝土抗滑桩或钢筋桩作为阻滑支撑工程；预应力锚杆或锚索，适用于加固有裂隙或软

弱结构面的岩质边坡；固结灌浆或电化学加固法加强边坡岩体或土体的强度；SNS边坡柔性防护技术等。

我国防治滑坡的工程措施很多，归纳起来主要分为三类：一是消除或减轻水的危害；二是改变滑坡体的外形，设置抗滑建筑物；三是改善滑动带的土石性质。其主要工程措施简要分述如下：

（1）消除或减轻水的危害

排除地表水：设置滑坡体外截水沟；滑坡体上地表水排水沟；引泉工程；做好滑坡区的绿化工作等。

大坝截水沟

排除地下水：对于地下水，可疏而不可堵。主要工程措施包括截水盲沟、支撑盲沟、仰斜孔群。此外，还有盲洞、渗管、垂直钻孔等排除滑坡体内地下水的工程措施。

防止河水、库水对滑坡体坡脚的冲刷：在滑坡体上游严重冲刷地段修筑促使主流偏向对岸的"丁坝"；在滑坡体前缘抛石、铺设石笼、修筑钢筋混凝土块排管，以使坡脚的土体免受河水冲刷。

（2）改变滑坡体外形，设置抗滑建筑物

削坡减重：常用于治理处于"头重脚轻"状态而在前方又没有可靠的抗滑地段的滑体，使滑体外形改善、重心降低，从而提高滑体稳定性。

修筑支挡工程：可增加滑坡的重力平衡条件，使滑体迅速恢复稳定。

（3）改善滑动带的土石性质

一般采用焙烧法、爆破灌浆法等物理化学方法对滑坡进行整治。

由于滑坡成因复杂、影响因素多，因此常常需要上述几种方法同时使用、综合治理，方能达到目的。

崩　塌

崩塌是指较陡斜坡上的岩、土体在重力作用下突然脱离山体崩落、滚动、堆积在坡脚（或沟谷）的地质现象，又称崩落、垮塌或塌方。根据坡地物质组成划分，崩塌可以分为崩积物崩塌、表层风化物崩塌、沉积物崩塌、基岩崩塌四种类型。根据崩塌体的移动形式和速度划分，崩塌则可以分为散落型崩塌、滑动型崩塌、流动型崩塌三种类型。

崩塌发生的时间有一定的规律性：（1）降雨过程之中或稍微滞后。这里说的降雨过程主要指特大暴雨、大暴雨、较长时间的连续降雨。这是出现崩塌最多的时间。（2）强烈地震过程之中。主要指的震级在6级以上的强震过程中，震中区（山区）通常有崩塌出现。（3）开挖坡脚过程之中或滞后一段时间。因工程（或建筑场）施工开挖坡脚，破坏了上部岩（土）体的稳定性，常

大暴雨

发生崩塌。崩塌的时间有的就在施工中，这以小型崩塌居多。较多的崩塌发生在施工之后一段时间里。（4）水库蓄水初期及河流洪峰期。水库蓄水初期或库水位的第一个高峰期，库岸岩、土体首次浸没（软化），上部岩土体容易失稳，尤以在退水后产生崩塌的机率最大。（5）强烈的机械震动及大爆破之后。

水库蓄水

崩塌的形成需要有一定的内在条件和外界因素，内在条件有岩土类型、地质构造和地形地貌，这三个条件又通称为地质条件，有了它才能形成崩塌。诱发崩塌的外界因素很多，主要包括地震、融雪、降雨、不合理的人类活动等。其中，人类工程经济活动是诱发崩塌的一个重要原因。所谓的人类工程经济活动主要包括以下几个方面：

采掘矿产资源：我国在采掘矿产资源活动中出现崩塌的例子很多，有露天采矿场边坡崩塌，也有地下采矿形成采空区引发地表崩塌。

道路工程开挖边坡：修筑铁路、公路时，开挖边坡切割了外倾的或缓倾的软弱地层，大爆破时对边坡强烈震动，有时削坡过陡都可以引起崩塌。

水库蓄水与渠道渗漏：主要是水的浸润和软化作用，以及水在岩（土）体中的静水压力、动水压力可能导致崩塌发生。

堆（弃）渣填土：加载不适当的堆渣、弃渣、填土，如果处于可能产生崩塌的地段，等于给可能的崩塌体增加了荷载，从而破坏了坡体稳定，可能诱发坡体崩塌。

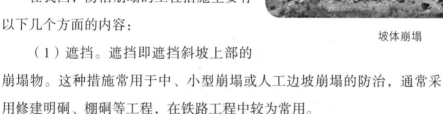

坡体崩塌

　　强烈的机械震动：如火车、机车行进中的震动，工厂锻轧机械产生的震动，均可引起诱发作用。

　　在我国，防治崩塌的工程措施主要有以下几个方面的内容：

　　（1）遮挡。遮挡即遮挡斜坡上部的崩塌物。这种措施常用于中、小型崩塌或人工边坡崩塌的防治，通常采用修建明硐、棚硐等工程，在铁路工程中较为常用。

　　（2）拦截。对于仅在雨后才有坠石、剥落和小型崩塌的地段，可在坡脚或半坡上设置拦截构筑物。如设置落石平台和落石槽以停积崩塌物质，修建挡石墙以拦坠石；利用废钢轨、钢钎及纲丝等编制钢轨或钢钎棚栏来拦截这些措施，也常用于铁路工程。

　　（3）支挡。在岩石突出或不稳定的大孤石下面修建支柱、支挡墙或用废钢轨支撑。

　　（4）护墙、护坡。在易风化剥落的边坡地段修建护墙，对缓坡进行水泥护坡等。一般边坡均可采用。

　　（5）镶补沟缝。对坡体中的裂隙、缝、空洞，可用片石填补空洞、水泥沙浆沟缝等以防止裂隙、缝、洞的进一步发展。

排水措施

（6）刷坡、削坡。在危石孤石突出的山嘴以及坡体风化破碎的地段，采用刷坡技术放缓边坡。

（7）排水。在有水活动的地段布置排水构筑物，以进行拦截与疏导。

自然小百科

崩塌体的识别方法

（1）坡体大于45度、且高差较大，或坡体呈孤立山嘴，或坡体呈凹形陡坡。

（2）坡体内部裂隙发育，尤其垂直和平行斜坡延伸方向的陡裂隙发育或顺坡裂隙或软

易崩塌山体

弱带发育；坡体上部已有拉张裂隙发育，并且切割坡体的裂隙、裂缝即将可能贯通，使之与母体（山体）形成了分离之势。

（3）坡体前部存在临空空间，或有崩塌物发育，这说明曾发生过崩塌，今后还可能再次发生。

泥石流

泥石流是山区沟谷中由暴雨、冰雪融水等水源激发的，含有大量的泥砂、石块的特殊洪流。其特征是往往突然暴发，浑浊的流体沿着陡峻的山沟前推后拥，奔腾咆哮而下，地面为之震动、山谷犹如雷鸣。在很短时间内将大量泥砂、石块冲出沟外，在宽阔的堆积区横冲直撞、漫流堆积，常常给人类生命财产造成重大危害。

按其物质成分，泥石流可分为三类：由大量粘性土和粒径不等的砂粒、石块组成的叫泥石流；以粘性土为主，含少量砂粒、石块、粘度大、呈稠泥状的叫泥流；由水和大小不等的砂粒、石块组成的称之水石流。按其物质状态，泥石流可分为二类：一是粘性泥石流，含大量粘性土的泥石流或泥流。其特征是：粘性大，固体物质占40％～60％，最高达80％。其中的水不是搬运介质，而是组成物质，稠度大，石块呈悬浮状态，暴发突然，持续时间亦短，破坏力大。二是稀性泥石流，以水为主要成分，粘性土含量少，固体物质占

泥石流

10%～40%，有很大分散性。水为搬运介质，石块以滚动或跃移方式前进，具有强烈的下切作用，其堆积物在堆积区呈扇状散流。

我国泥石流的分布，明显受地形、地质和降水条件的控制。特别是在地形条件上表现得更为明显。其特点如下：

（1）泥石流在我国集中分布在两个带上。一是青藏高原与次一级的高原与盆地之间的接触带；另一个是上述的高原、盆地与东部的低山丘陵或平原的过渡带。

（2）在上述两个带中，泥石流又集中分布在一些大断裂、深大断裂发育的河流沟谷两侧。这是我国泥石流的密度最大、活动最频繁、危害最严重的地带。

（3）泥石流的分布还与大气降水、水雪融化的显著特征密切相关。即高频率的泥石流，主要分布在气候干湿季节较明显、较暖湿、局部暴雨强大、水雪融化快的地区。如云南、四川、甘肃、西藏等。低频率的稀性泥石流则主要分布在东北和南方地区。

（4）在各大型构造带中，具有高频率的泥石流，又往往集中在板岩、片岩、片麻岩、混合花岗岩、千枚岩等变质岩系及泥岩、页岩、泥灰岩、煤系等软弱岩系和第四系堆积物分布区。

泥 岩

泥石流常常具有暴发突然、来势凶猛、迅速之特点。并兼有崩塌、滑坡和洪水破坏的双重作用，其危害程度比单一的崩塌、滑坡和洪水的危害更为广泛和严重。它对人类的危害具体表现在四个方面。

（1）对居民点的危害：泥石流最常见的危害之一是冲进乡村、城镇，摧毁房屋、工厂、企事业单位及其他场所设施；淹没人畜、毁坏土地，甚至造成村毁人亡的灾难。如1969年8月云南省大盈江流域弄璋区南拱泥石流，使新章金、老章金两村被毁，97人丧生，经济损失近百万元。

（2）对公路、铁路的危害：泥石流可直接埋没车站、铁路、公路，摧毁路基、桥涵等设施，致使交通中断，还可使正在运行的火车、汽车颠覆，造成重大的人身伤亡事故。有时泥石流汇入河道，引起河道大幅度变迁，间接毁坏公路、铁路及其他构筑物，甚至迫使道路改线，造成巨大的经济损失。

（3）对水利、水电工程的危害：主要是冲毁水电站、引水渠道及过沟建筑物，淤埋水电站尾水渠，并淤积水库、磨蚀坝面等。

被泥石流摧毁的村庄和稻田

（4）对矿山的危害：主要是摧毁矿山及其设施，淤埋矿山坑道、伤害矿山人员、造成停工停产，甚至使矿山报废。

泥石流对人类的危害如此之大，因此预防泥石流的发生就显得极有必要，它是防灾和

被泥石流破坏的路面

减灾的重要步骤和措施。目前我国对泥石流的预测预报研究常采取以下方法：

（1）在典型的泥石流沟进行定点观测研究，力求解决泥石流的形成与运动参数问题。

（2）调查潜在泥石流沟的有关参数和特征。

（3）加强水文、气象的预报工作，特别是对小范围的局部暴雨的预报，因为暴雨是形成泥石流的激发因素。比如，当月降雨量超过350毫米时，日降雨量超过150毫米时，就应发出泥石流警报。

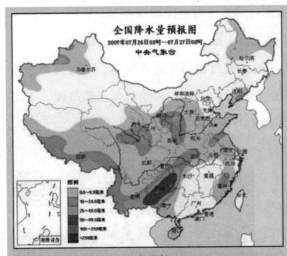

气象预报

大暴雨

（4）建立泥石流技术档案，特别是大型泥石流沟的流域要素、形成条件、灾害情况及整治措施等资料应逐个详细记录，并解决信息接收和传递等问题。

（5）划分泥石流的危险区、潜在危险区或进行泥石流灾害敏感度分区。

（6）开展泥石流防

灾警报器的研究及室内泥石流模型试验研究。

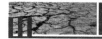

土地冻融

　　土地冻融是指土层由于温度降到零度以下和升至零度以上而产生冻结和融化的一种物理地质作用和现象。冻融灾害在我国北方冬季气温低于零度的各省区均有发生。以青藏高原、天山、阿尔泰山、祁连山等高海拔地区和东北北部高纬度地区最为严重。

天　山

　　一般来说，土地冻融产生的主要灾害作用和现象有以下三个方面：

　　（1）冻胀和融沉

　　土层冻结产生体积膨胀，融化使土层变软产生沉陷，甚至土石翻浆，从而形成冻胀和融沉作用。这是季节性冻土地区中最主要的灾害作用。它常造成建筑物基础破坏、房屋开裂、地面下沉、道路路基变形、威胁行车安全、影响交通运输等。

　　（2）冻融滑、塌和冻融泥流

　　冻融使土体的平衡状态发生改变，当这种作用发生在斜坡地区时，便可产生滑坡、崩塌；而在土层融化成为液态时，则形成泥流。冻融滑、塌和冻融泥流在西南、西北高海拔地区极为常见，给工程建设造成

冻融泥流

了很大危害，甚至还会造成人员伤亡。

（3）冻融塌陷

土层的强烈冻融，使地表下沉，从而引起塌陷。这种作用一般出现在广大的季节性冻土地区，并造成了大量的路基破坏、工程建筑物毁损等恶性事件。

由此可见，土地冻融的危害性应该引起重视。尤其是在我国的高纬度、高海拔地区，土地冻融已经成为一种灾害，应当尽快采取适当的措施加以防御和整治。

水土流失

在山区、丘陵区和风沙区，由于不利的自然因素和人类不合理的经济活动，造成地面的水和土离开原来的位置，流失到较低的地方，再经过坡面、沟壑，汇集到江河河道内去，这种现象称为水土流失。水土流失一般发生在湿润或半湿润地区，如果是在干旱地区，则会导致沙尘暴或者土地荒漠化。

水土流失是不利的自然条件与人类不合理的经济活动互相交织、作用产生的，不利的自然条件主要是指地面坡度陡峭、土体的性质松软易蚀、高强度暴雨、地面没有林草等植被覆盖等。人类不合理的经济活动则主要是指毁林毁草、陡坡开荒、草原上过度放牧、开矿、修路等生产建设破坏地表植被后不及时恢复、随意倾倒废土弃石等。

根据产生水土流失的"动力"，分布最广泛的水土流失可分为水力侵蚀、重力侵蚀和风力侵蚀三种类型。水力侵蚀分布广泛，特点是以地面的水为动力冲走土壤；重力侵蚀主要分布在山区、丘陵区的沟壑和陡坡上，在陡坡和沟的两岸沟壁，其中一部分下部被水流淘空，由于土壤及其成土母质自身的重力作用，不能继续保留在原来的位置，分散地或成片地塌落；风力侵蚀主要分布在我国西北、华北和东北的沙漠、沙地和丘陵盖沙地区，其次是东南沿海沙地，再次是河南、安徽、江苏几省的"黄泛区"。特点是风力扬起沙粒，离开原来的位置，随风飘浮到另外的地方降落。

水土流失形成崩岗

土地沙化

水土流失对当地和河流下游的生态环境、生产、生活和经济发展都造成极大的危害。水土流失破坏地面完整，降低土壤肥力，造成土地硬石化、沙化，影响农业生产，威胁城镇安全，加剧干旱等自然灾害的发生、发展，导致群众生活贫困、生产条件恶化，阻碍经济、社会的可持续发展。

自然小百科

黄土高原"沙为患"

作为世界上输沙量最大的河流，黄河每年向下游的输沙量达16亿吨，如果堆成宽、高各1米的土堆，可以绕地球27圈多。这些泥沙80%来自黄河中游的黄土高原。总面积约64万平方千米的黄土高原，是世界上面积最大的黄土覆盖区。由于该区气候干旱，暴雨集中，植被稀疏，土壤抗蚀性差，加之长期以来乱垦滥伐等人为的破坏，是导致黄土高原成为我国水土流失最严重地区的重要原因。据有关资料显示，黄土高原地区的水土流失面积达45万平方千米，占总面积的70.9%，是我国乃至全世界水土流失最严重的地区。

黄土高原水土流失带来了一定的危害：（1）泥沙淤积下游河床，威胁黄河防洪安全；（2）影响水资源的有效利用；（3）制约了经济社会发展；（4）恶化了生态环境。

土地荒漠化

简单地说，土地荒漠化就是指土地退化，也叫"沙漠化"。在人类当今诸多的环境问题中，荒漠化是最为严重的灾难之一。对于受荒漠化威胁的人们来说，荒漠化意味着他们将失去最基本的生存基础——土地。

土地荒漠化的危害特别大，每年一到春播季节，土壤水分散失，禾苗被吹干致死或被掩埋。有的地方要反复补救，甚至因此误了农时。荒漠化引起的草场

土地荒漠化

退化，使适于牲畜食用的优势草种逐渐减少，草场载蓄能力大为下降。荒漠化还会造成河流、水库、水渠堵塞。在一些地区，荒漠化甚至造成

铁路路基、桥梁、涵洞损坏，使公路路基、路面积沙，迫使公路交通中断、废弃。荒漠化导致的沙尘天气，还会影响飞机正常起飞和降落。风沙活动破坏通信、输电线路和设施，由此产生的灾害威胁居民安全。

不仅如此，荒漠还埋没了无数城廓，扼杀了诸多文明。如古代最大的城市早在公元二世纪时，就被沙漠埋葬。古老而文明的丝绸之路，也早已荒废。地球四大农业诞生地之一的底格里斯–幼发拉底河流域，已变成盐碱沙漠。

沙尘天气

因此，土地荒漠化的防治是一项复杂的、艰巨的、长期的国土整治和生态环境建设工作。当前，要实现上述战略目标，既需要全社会的高度重视和广泛参与，更需要从制度、政策、机制、法律、科技、监督等方面采取有效措施，处理好资源、人口、环境之间的关系，促进荒漠化防治工作的健康发展。具体来说，有以下几个方面：

植树造林

（1）保护现有植被，加强林草建设。要把植被保护放在突出位置，杜绝各种破坏林草植被的行为。重视生态系统的自我修复能力，大力推行封山封沙育林育草，通过植树造林、乔灌草的合理配置，建设多林种、多树种、多层次的立体防护体系，扩大林草比重。

（2）合理调配水资源，保障生态用水。要以流域为单位，确定合理的水资源调配制度，实现上、中、下游和生产、生活和生态用水的合理调度和分配。要结合农业生产结构性调整，推广节水技术，因地制宜地发展耗水低、附加值高的高效农业，提高种植业单位面积产量和单位水资源产量。

（3）控制人口增长，实行生态移民。加强宣传教育，严格实行计划生育，控制人口增长，提高文化素质，缓解土地压力。同时，对局部荒漠化非常严重，草地和耕地几乎完全废弃，恶劣的自然环境已经不适于人类生存的地区，实行生态移民。

畜牧业

（4）改变畜牧业生产方式，减轻对草场的破坏。要落实草原承包责任制，合理确定草原载畜量，改变畜牧业生产方式和种群结构，大力推行围栏封育、轮封轮牧，大力发展人工草地或人工改良草地，发展舍饲养畜。加快优良畜种培育，优化畜种结构。

（5）调整产业结构，保护和开发资源并举。利用荒漠化地区蕴藏着的如光热、自然景观、文化民俗、富余劳动力等资源优势开发旅游、探险、科考产业等，同时调整产业结构，加强种植业和畜牧业的有机结合，实现种植业和畜牧业在产业结构方面能够产生良性互动。加强沙区特色种植业建设，开辟高效"沙产业"，并与第二、三产业发展相结合，形成地方产业链，发展地方经济，增加群众经济收入，减轻环境压力。

（6）改变能源结构，解决农村能源问题。大力发展沼气、太阳能、风能等能源，形成新的替代能源，促进能源结构的改善。同时，又要大力推广节能技术，提高现有能源的利用率。

（7）优化土地利用格局，维护社会经济与生态环境的协调和可持续发展。根据不同生物气候区的自然特征和当地群众的生产、生活习惯，因地制宜地制订农、林、牧复合土地利用模式，保证区域生态安全，防止荒漠化的发生和发展，实现土地资源的永久和高效利用。

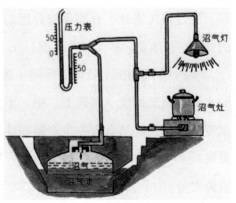

沼气能源

太阳能

风 能

自然小百科

我国荒漠化类型及其分布

　　风蚀荒漠化土地：总面积为160.7万平方千米，主要分布在干旱、半干旱地区，在各类型荒漠化土地中面积最大、分布最广。

　　水蚀荒漠化土地：总面积为20.5万平方千米，占荒漠化土地总面积的7.8%。主要分布在黄土高原北部的无定河、窟野河、秃尾河等流域，在东北地区主要分布在西辽河的中上游及

风蚀荒漠化土地

大凌河的上游。

　　冻融荒漠化土地：面积共36.6万平方千米，占荒漠化土地总面积的13.8%。主要分布在青藏高原的高海拔地区。

　　土镶盐渍化土地：总面积为23.3万平方千米，占荒漠化总面积的8.9%。主要分布在柴达木盆地、塔

水蚀荒漠化土地

里木盆地周边绿洲以及天山北麓山前冲积平原地带、河套平原、银川平原、华北平原及黄河三角洲。

盐渍化土壤

第二章

气象灾害

气象灾害是指大气对人类的生命财产、国民经济建设、国防建设等造成的直接或间接的损害，它是自然灾害中的原生灾害之一。气象灾害具有种类多、范围广、频率高、持续时间长、群发性突出、连锁反应显著、灾情重等特点，一般包括天气、气候灾害和气象次生、衍生灾害。天气、气候灾害，是指因台风、暴雨、雷暴、冰雹、大风、沙尘、大雾、高温、低温、连阴雨、冻

气象灾害

雨、霜冻、结冰、寒潮、干旱、干热风、热浪、洪涝、积涝等因素直接造成的灾害。气象次生、衍生灾害，则是指因气象因素引起的山体滑坡、泥石流、风暴潮、森林火灾、酸雨、空气污染等灾害。

气象灾害是自然灾害中最为频繁而又严重的灾害。我国是世界上自然灾害发生较为频繁、灾害种类多，造成损失十分严重的少数国家之一。每年由于干旱、洪涝、台风、暴雨、冰雹等灾害危及到人民生命和财产的安全，国民经济也受到了极大的损失。而且，随着经济的高速发展，自然灾害造成的损失亦呈上升发展趋势，直接影响着社会和经济的发展。在这一章里，我们就来一起谈一下气象灾害的相关知识。

旱　灾

旱灾是指土壤水分不足，不能满足牧草等农作物生长的需要，造成较大的减产或绝产的灾害。一般指因土壤水分不足，农作物水分平衡遭到破坏而减产或欠收从而带来粮食问题，甚至引发饥荒。同时，旱灾也可令人类及动物因缺乏足够的饮用水而致死。此外，旱灾后容易发生蝗灾，进而引发更严重的饥荒，导致社会动荡。中国旱灾较为频繁，公元前206年—1949年，中国曾发生旱灾1056次。旱灾记载主要见于历代史书、地方志、宫廷档案、碑文、刻记以及其他文物史料中。

旱　灾

旱灾的形成主要取决于气候，通常将年降水量少于250毫米的地区称为干旱地区，年降水量为250～500毫米的地区称为半干旱地区。世界上干旱地区约占全球陆地面积的25％，大部分集中在非洲撒哈拉沙漠边缘，中东和西

撒哈拉沙漠

亚，北美西部，澳洲的大部和中国的西北部。这些地区常年降雨量稀少而且蒸发量大，农业主要依靠山区融雪或者上游地区来水。如果融雪量

或来水量减少，就会造成干旱。世界上半干旱地区约占全球陆地面积的30%，包括非洲北部一些地区，欧洲南部，西南亚；北美中部以及中国北方等。这些地区降雨较少，而且分布不均，因而极易造成季节性干旱，或者常年干旱甚至连续干旱。

中国大部属于亚洲季风气候区，降水量受海陆分布、地形等因素影响，在区域间、季节间和多年间分布很不均衡，因此旱灾发生的时期和程度有明显的地区分布特点。秦岭淮河以北地区春旱突出，黄淮海地区经常出现春夏连旱，甚至春夏秋连旱，是全国受旱面积最大的区域；长江中下游地区主要是伏旱和伏秋连旱，有的年份虽在梅雨季节，还会因梅雨期缩短或少雨而形成干旱；西北大部分地区、东北地区西部常年受旱；西南地区春夏旱对农业生产影响较大，四川东部则经常出现伏秋旱；华南地区旱灾也时有发生。

自然界的干旱是否造成灾害受多种因素影响，对农业生产的危害程度则取决于人为措施。世界各国防止干旱的主要措施是：兴修水利，发展农田灌溉事业；改进耕作制度，改便作物构成，选育耐旱品种，充分利用有限的降雨；植树造林，改善区

兴修水利

域气候，减少蒸发，降低干旱风的危害；研究应用现代技术和节水措施，例如人工降雨，喷滴灌、地膜覆盖、保墒，以及暂时利用质量较差的水源，包括劣质地下水以至海水等。

干旱预警信号分二级，分别以橙色、红色表示。干旱指标等级划分，以国家标准《气象干旱等级》中的综合气象干旱指数为标准。

干旱橙色预定信号是指预计未来一周综合气象干旱指数达到重旱（气象干旱为25～50年一遇），或者某一县（区）有40%以上的农作物受旱。防御措施：有关部门和单位按照职责做好防御干旱的应急工作；启用应急备用水源，调度辖区内一切可用水源，优先保障城乡居民生活用水和牲畜饮水；压减城镇供水指标，优先经济作物灌溉用水，限制大量农业灌溉用水；限制非生产性高耗水及服务业用水，限制排放工业污水；气象部门适时进行人工增雨作业。

干旱橙色预定信号是指预计未来一周综合气象干旱指数达到特旱（气象干旱为50年以上一遇），或者某一县（区）有60%以上的农作物受旱。防御措施：有关部门和单位按照职责做好防御干旱的应急和救灾工作；各级政

干旱预警

府和有关部门启动远距离调水等应急供水方案，采取提外水、打深井、车载送水等多种手段，确保城乡居民生活和牲畜饮水；限时或者限量供应城镇居民生活用水，缩小或者阶段性停止农业灌溉供水；严禁非生产性高耗水及服务业用水，暂停排放工业污水；气象部门适时加大人工增雨作业力度。

人工增雨

自然小百科

丁戊奇荒

　　在清代频繁的旱灾中，最大、最具毁灭性的一次，要数光绪初年的华北大旱灾。这次大旱的特点是时间长、范围大、后果特别严重。从1876年到1879年，大旱持续了整整四年。受灾地区有山西、河南、陕西、直隶（今河北）、山东等北方五省，并波及苏北、皖北、陇东和川北等地区。由于这次大旱以1877年、1878年为主，而这两年的阴历干支纪年属丁丑、戊寅，所以人们称之为"丁戊奇荒"，也称"晋豫奇荒""晋豫大饥"。

　　这场大旱灾始于1875年，这一年北方各省大部分地区先后呈现出干旱的迹象，一直到冬天，仍然雨水稀少。与此同时，山东、河南、山西、陕西、甘肃等省，都在这年秋后相继出现严重旱情。1876年，旱情加重，受灾范围也进一步扩大。以直隶、山东、河南为主要灾区，北至辽宁、西至陕甘、南达苏皖，形成了一片前所未有的广袤旱区。随着旱情的发展，已没有可食之物，甚至还出现了"人食人"的惨剧。到了1877年的冬天，重灾区山西吃人肉、卖人肉者，比比皆是。旱灾的阴影，同时还笼罩着陕西全省。同州府员的大荔、朝邑、郃阳（今合田）、澄城、韩城、白水及附近各县，灾情极重极惨。

　　据不完全统计，从1876年到1878年，仅山东、山西、直隶、河南、陕西等北方五省遭受旱灾的州县就有955个。而整个灾区受到旱灾及饥荒严重影响的居民人数，估计在1.6

光绪初年的华北大旱灾

亿到2亿左右，约占当时全国人口的一半；直接死于饥荒和瘟疫的人数在1000万人左右；从重灾区逃亡在外的灾民不少于2000万人。

涝　灾

　　涝灾指由于本地降水过多、地面径流不能及时排除、农田积水超过作物耐淹能力而造成农业减产的灾害。造成农作物减产的原因是，积水深度过大，时间过长，使土壤中的空气相继排出，造成作物根部氧气不足，根系部呼吸困难，并产生乙醇等有毒有害物质，从而影响作物生长，甚至造成作物死亡。

涝　灾

　　洪涝灾害具有双重属性，既有自然属性，又有社会经济属性。它的形成必须具备两方面条件：一是自然条件：洪水是形成洪水灾害的直接原因。只有当洪水自然变异强度达到一定标准，才可能出现灾害。主要影响因素有地理位置、气候条件和地形地势。二是社会经济条件：只有当洪水发生在有人类活动的地方才能成灾。受洪水威胁最大的地区往往是江河中下游地区，而中下游地区因其水源丰富、土地平坦又常常是经济发达地区。

　　洪涝可分为河流洪水、湖泊洪水和风暴洪水等。其中河流洪水依照成因不同，又可分为暴雨洪水、山洪、融雪洪水、冰凌洪水和溃坝洪水。河流洪水是影响最大、最常见的洪涝，尤其是流域内长时间暴雨造成河流水位居高不下而引发堤坝决口，对地区发展损害最大，甚至会造成大量人口死亡。

洪涝灾害具有明显的季节性、区域性和可重复性等特点，有很大的破坏性。自古以来，洪涝灾害一直是困扰人类社会发展的自然灾害。我国有文字记载的第一页就是劳动人民和洪水斗争的光辉画卷——大禹治水。直到今天，洪涝依然是对人类影响最大的灾害。洪涝灾害不仅对社会有害，而且严重危害相邻流域，造成水系变迁。并且在不同地区均有可能发生洪涝灾害，包括山区、滨海、河流入海口海口、河流中下游以及冰川周边地区等，严重损害了社会经济的健康发展。但是，洪涝仍具有可防御性。人类不可能彻底根治洪水灾害，但通过各种努力可以尽可能地缩小灾害的影响。

我国是世界上主要的"气候脆弱区"之一，自然灾害频发、分布广、损失大，是世界上自然灾害最为严重的国家之一。20世纪的观测事实已表明，气候变化引起的极端天气气候事件（厄尔尼诺、干旱、洪涝、雷暴、冰雹、风暴、高温天气和沙尘暴等）出现频率与强度明显上升，直接危及我国的国民经济发展。因此，预防和减轻自然灾害对我国具有非常重要的

大禹治水

现实意义。在长期与自然共存的实践中，社会各界从事防灾减灾研究、业务、管理人员形成了许多行之有效的预防和减轻自然灾害的措施。

（1）制订预案，常备不懈。通过在国家、省、市、区以及企事业单位、社区、学校等制订与演练应急预案，形成预防和减轻自然灾害有条不紊、有备无患的局面。应急预案应包括对自然灾害的应急组织体系及职责、预测预警、信息报告、应急响应、应急处置、应急保障、调查评估等机制，形成包含事前、事发、事中、事后等各环节的一整套工作运行机制。

（2）居安思危，预防为主。要增强忧患意识，常抓不懈，防患于未然。坚持预防与应急相结合，常态与非常态相结合。政府应鼓励社区制定紧急防灾预案、开展救灾演练、装备专门的通讯设备在紧急条件下替代常用的通讯方式，并保证必要的紧急储备物资和设施。积极做好装备、技术、人员等方面的应急准备。

（3）以人为本，避灾减灾。以人为本，把保障公众生命财产安全作为防灾减灾的首要任务，最大程度地减少自然灾害造成的人员伤亡和对社会经济发展的危害。

洪涝灾害

（4）面对自然灾害，科学防御，从早期盲目的抗灾到近年来主动地避灾，体现了在防灾减灾中的科学发展观。

（5）监测预警，依靠科技。在防灾减灾中坚持"预防为主"的基本原则，把灾害的监测预报预警放到十分突出的位置，并高度重视和做好面向全社会包括社会弱势群体的预警信息发布；要依靠科技，提高防灾减灾的综合素质；通过加强防灾减灾领

救灾演练

域的科学研究与技术开发，采用与推广先进的监测、预测、预警、预防和应急处置技术及设施，并充分发挥专家队伍和专业人员的作用，提高应对自然灾害的科技水平。

（6）防灾意识，全民普及。社会公众是防灾的主体。增强忧患意识，防患于未然，防灾减灾需要广大社会公众广泛增强防灾意识、了解与掌握避灾知识。

（7）应急机制，快速响应。政府、相关部门需要建立"统一指挥、反应灵敏、功能齐全、协调有序、运转高效"的应急管理机制。"快速响应、协同应对"是应急机制的核心。

（8）分类防灾，针对行动。不同灾种对人类生活、社会经济活动的影响差异很大，因此防灾减灾的重点、措施也不同。应根据不同灾种特点以及对社会经济的影响特征，采取针对性应对措施。预防和减轻台风灾害，应根据台风预警级别，及时疏散沿海地区居民，人员应尽可能呆在防风安全的地方，加固港口设施，防止船只走锚、搁浅和碰撞，拆除

高层建筑广告牌，预防强暴雨引发的山洪、泥石流灾害；对暴雨洪涝灾害，根据雨情发展，及时转移滞洪区、泄洪区人员、财产，及时转移城市低洼危险地带以及危房居民，切断低洼地带有危险的室外电源；浓雾发生时，大气能见度与空气质量明显下降，机场、高速公路、航运采取停运、封闭措施，交通驾驶人员控制速度，确保安全，居民减少外出、外出时戴口罩；雪灾发生时，相关部门做好交通疏导，必要时关闭道路交通，做好道路清扫和积雪融化工作，驾驶人员小心驾驶，防范道路结冰影响。

人工消雾

（9）人工影响，力助减灾。人工影响天气已成为一种重要的减灾科技手段。在合适的天气形势下，组织开展人工增雨、人工消雨、人工防雹、人工消雾等作业，可以有效抵御和减轻干旱、洪涝、雹灾、雾灾等气象灾害的影响和损失。

（10）风险评估，未雨绸缪。开展灾害风险调查、分析与评估，了解特定地区、不同灾种的发生规律，了解各种自然灾害的致灾因子对自然、社会、经济和环境所造成的影响以及影响的短期和长期变化方式，并在此基础上采取行动，

雹灾

降低自然灾害风险，减少自然灾害对社会经济和人们生命财产所造成的损失。

冷　害

冷害是农业气象灾害的一种，也就是作物在生长季节内，因温度降到生育所能忍受的底限以下而受害。冷害发生时的日平均温度都在0℃以上，有时甚至可达20℃左右，因作物及其所处的发育期而异。同一种冷害在不同地区有不同的称谓，如水稻抽穗开花期的冷害发生在中国长江中下游地区的称秋季低温害，发生在广东、广西地区时因值寒露节气，故称寒露风。冷害的发生范围在世界上分布很广，

低温冷害

纬度和海拔越高，越易发生。日本北部有较高的发生机率，此外，在澳大利亚、朝鲜、美国、加拿大、尼泊尔、印度和秘鲁等国，冷害也常有发生。中国的冷害以东北地区较为严重，长江流域主要发生在春秋季，

云贵高原主要发生在八九月份。

冷害的类型多种多样，按发生时的天气特点，可将冷害分为以下三种：（1）湿冷型：低温伴随阴雨，日照少，相对湿度大而气温日较差小。（2）干冷型：冷空气入侵后，天气晴朗，相对湿度小而气温日较差大。（3）霜冷型：前期低温与来得特早的秋霜冻相结合所致。

按对作物危害的特点，可将冷害分为：（1）延迟型冷害：较长时期的低温削弱植株生理活性，引起作物生育期显著延迟，在生长季节内不能正常成熟，导致减产。（2）障碍型冷害：作物在生殖生长阶段，主要是孕穗期和抽穗开花期遇短时间低温，生殖器官的生理机能被破坏，影响孕穗和受粉，造成空壳减产。（3）混合型冷害：由上述两类冷害相结合而成，比单一型冷害更严重。

水稻低温冷害

甜瓜遭受冷害

按成因，一般可将冷害分为以下三种：（1）辐射冷害：在我国北方的晚春和初秋比较常见，往往在无风晴朗的夜晚出现。当太阳下山后，白天被土壤和植被等吸收的热量通过大气的传导，逐渐向上空辐射散失；再加上无风无云，热量散失无所阻挡，就更加速了近地面空气的冷却与下沉。到黎明前数小时，能使作物周围的气温下降到0℃以下，甚至使低洼地区降至-4℃~-8℃。（2）平流冷害：由于起因于两极地区冷气团的入侵，

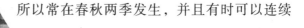

所以常在春秋两季发生，并且有时可以连续几昼夜。加之它受地形和云量的影响较小，涉及面也比较广。辐射冷害和平流冷害常同时发生，引起地面气温急剧下降，危害严重。（3）蒸发冷害：多发生在雨后，每当受到干冷空气侵袭时，植物表面水分会很快蒸发，致使植物因失热而受冻。

冷害使稻谷减产

冷害对作物生理的影响主要表现在：（1）削弱光合作用。如各种作物均以24℃时的光合作用强度为100％，则在12℃条件下大豆的光合作用强度为85％、水稻为81％、高粱为74％、玉米为62％。低温使光合作用强度降低15％～38％。（2）减少养分吸收。低温减少根系对养分的吸收能力，以24℃条件下对养分的吸收为100％，在12℃条件下水稻对铵态氮的吸收为50％、磷为44％、钾为42％；大豆对铵态氮的吸收为87％、磷为55％、钾为70％、均显著减少。（3）影响养分的运转。低温能妨碍光合产物和矿物质营养向生长器官输送，使作物正在生长的器官因养分不足而瘦小、退化或死亡。在幼穗伸长期，低温使茎秆向穗部的养分输送受阻，花药组织不能向花粉正常输送碳水化合物，从而妨碍花粉的充实和

受冷害的作物

花药的正常开裂、散粉。在灌浆过程中，低温不仅因减弱光合作用而使碳水化合物的合成减少，而且阻碍光合产物向穗部的输导。

我国常见的冷害主要有：东北地区一年一熟喜温作物，如水稻、玉米等，各种类型的冷害均可能出现，往往造成粮食大幅度减产；华南双季稻，因春季"倒春寒"造成早稻烂秧，秋季"寒露风"造成晚稻空粒。华北一季稻也有因"倒春寒"引起秧田死苗。华中的麦茬稻在开花期遇低温，空粒增多，稻穗不下垂，俗称"翘穗头"；橡胶树受冷害，在华南多表现为破皮流胶，枝叶枯萎，以至全株死亡；在云南多表现为"烂脚"，树干基部霉烂一圈而死亡。冷害的严重程度，取决于低温强度、持续时间、天气阴晴、风力大小、作物品种、发育期等。

冷害的预防措施主要有：

麦茬稻

大豆苗

（1）根据当地气候条件，确定适合的作物品种和播栽期，以便在低温敏感期避开有害低温。

（2）根据冷害预报调整作物布局和品种比例。如中国南方稻区根据春秋温度条件调整双季稻种植面积和早晚熟水稻品种的搭配，北方根据生长季节的热量条件安排水稻、玉米、大豆、高粱等大秋作物的种植比例，冷害年扩大耐寒作物和早熟品种的面积等。

（3）调节农田小气候。利用塑料薄膜温床育苗移栽，既可克服春季低温危害，又能使作物提早成熟，避开秋季低温。在低温来临之前，灌水或喷洒保墒剂等常可改善近地层温度状况。

（4）培育作物的耐寒早熟品种。

（5）加强农田基本建设和田间管理等。

 自然小百科

防果蔬冷害的措施

（1）适温下贮藏：防止冷害的最好方法是掌握果蔬菜的冷害临界温度，不要将果蔬菜置于临界温度以下的环境中。

（2）温度调节和温度锻炼：将果蔬放在略高于冷害临界的环境中一段时间，可以增加果蔬的抗冷性。

（3）间歇升温：间歇升温是果蔬贮藏过程中用一次或多次短期升温处理来中断其冷害的方法，可延长果蔬贮藏寿命和增加果蔬对冷害的抗性。

（4）变温处理：产品在贮藏过程中使用不同的温度。

（5）气调贮藏：气调贮藏是降低贮藏环境中氧气的浓度、提高二氧化碳浓度的一种贮藏方法。

（6）湿度的调节：接受100%的相对湿度可以减轻冷害症状，相对湿

度过低却会加重冷害症状。

（7）化学处理：有些化学物质可以增加果蔬对冷害的忍受力，有效地减轻冷害。此外，一些杀菌剂如加噻苯唑、苯若明可减少果蔬对冷害的敏感性。

（8）激素控制：用脱落酸进行预处理可以减轻葡萄柚、南瓜的冷害，用乙烯处理甜瓜可以减轻其贮藏期间的冷害。

冻 害

冻害是农业气象灾害的一种，也就是在0℃以下的低温下使作物体内结冰，对作物造成的伤害。常发生的冻害有越冬作物冻害、果树冻害和经济林木冻害等。冻害在中、高纬度地区发生较多。北美中西部大平原、东欧、中欧是冬小麦冻害的主要

冻 害

发生地区。中国受冻害影响最大的是北方冬小麦区北部，主要有准噶尔盆地南缘的北疆冻害区，甘肃东部、陕西北部和山西中部的黄土高原冻害区，山西北部、燕山山区和辽宁南部一带的冻害区以及北京、天津、河北和山东北部的华北平原冻害区。在长江流域和华南地区，冻害发生的次数虽少，但丘陵山地对南下冷空气的阻滞作用常使冷空气堆积，导致较长时间气温偏低，并伴有降雪、冻雨天气，易使麦类、油菜、蚕豆、豌豆和柑橘等遭受严重冻害。

冻害可以分为作物生长时期的霜（白霜和黑霜）冻害和作物休眠时期的寒冻害两种。霜冻害指春季冬麦返青后或春播作物出苗后，桃、葡萄、苹果等果树萌发或开花后遇到特别推迟的晚霜，和秋季冬麦出苗后或春播或夏播作物未成熟，果树尚未落叶休眠时遇到特别提前的早霜而受害。

不同作物受冻害的特点不同，如冬小麦主要可分为：（1）冬季严寒型：冬季无积雪或积雪不稳定时易受害；（2）入冬剧烈降温型：麦苗停止生长前后气温骤然大幅度下降，或冬小麦播种后前期气温偏高生长过旺时遇冷空气易受害；（3）早春融冻型：早春回暖融冻、春苗开始萌动时遇较强冷空气易受害。

不同作物、品种的冻害指标也各不相同，如小麦多采用植株受冻死亡50%

葡 萄

柑 橘

以上时分蘖节处的最低温度作为冻害的临界温度，即衡量植株抗寒力的指标。成龄果树发生严重冻害的临界温度：柑橘为-7℃～-9℃，葡萄为-16℃～-20℃。抗寒性较强品种的冻害临界温度是-17℃～-19℃、抗寒性弱的品种是-15℃～-18℃。

冻害的造成与降温速度、低温的强度和持续时间，低温出现前后和期间的天气状况、气温日较差等及各种气象要素之间的配合有关。在植株组织处于旺盛分裂增殖时期，即使气温短时期下降，也会受害；相反，休眠时期的植物体则抗冻性强。各发育期的抗冻能力一般依下列顺序递减：花蕾着色期→开花期→座果期。

防御冻害的有效措施主要有：

（1）培育耐寒品种，提高抗冻能力。对于越冬作物或亚热带经济果木，选育耐寒性强的品种，提高植株抗冻能力，是避免或减轻冻害的一项战略性措施。

覆盖增温

（2）加强冬前管理，增强抗冻能力。栽培管理的好坏直接影响到越冬作物和果木的抗冻能力，因此搞好冬前栽培管理是防御寒潮冻害的重要措施。

（3）利用局地小气候环境，实时避冻栽培。在我国亚热带柑橘栽培的北缘地区，充分利用山体或水体有利的小气候资源环境栽培柑橘，可以有效地避过或减轻寒潮冻害。

（4）积极采用防冻措施。一是露天增温法：利用一切条件提高近地面层温度，如布设烟堆、安装鼓风机等，打乱逆温层对近地层有显著地增温效果，其中熏烟一般能提高近地层温度1℃～2℃。二是覆盖法：利用覆盖物保护植物体的地上部或地下怕冻部位，减少地面长波辐射，防御寒风侵袭，从而起到防寒作用。三是喷化学药剂：主要用于果树防冻。化学方法防御冻害是一种应急措施，必须掌握短期的寒潮降温预报。

培土护根

　　另外，在寒潮发生后，还可以针对不同作物采取一些简单的防寒补救措施。如撬泥培土护根，压草保苗等。

沙尘暴

　　沙尘暴是沙暴和尘暴两者兼有的总称，是指强风把地面大量沙尘物质吹起卷入空中，使空气特别混浊，水平能见沙尘暴度小于1000米的严重风沙天气现象。其中，沙暴是指大风把大量沙粒吹入近地

沙尘暴

层所形成的挟沙风暴；尘暴则是指大风把大量尘埃及其它细粒物质卷入高空所形成的风暴。

沙尘暴一般发生于春夏交接之际，这是由于冬春季干旱区降水甚少，地表异常干燥松散，抗风蚀能力很弱，在有大风刮过时，就会将大量沙尘卷入空中，形成沙尘暴天气。沙尘暴的形成与大气环流、地貌形态、气候因素有关，更与人为的生态环境破坏密不可分，它是沙漠化加剧的象征。人口的快速增长带来不合理的农垦、过度放牧、过度采樵、单一耕种，这些现象必然导致植被和地表结构的破坏，使草原萎轨土地沙化、生态系统失衡。而人们治沙的速度又远远赶不上这种造沙的速度，因此为沙尘暴的形成提供了条件。

黑风

沙暴发生时，风力多在4～8级，近地面的细沙和粉尘被输送到15～30米的高空，水平能见度可维持在千米以上，卷起的沙尘物质一般在就近的障碍物或绿洲边缘沉积，造成沙埋、沙割之害。还有一种与沙暴不同的尘暴现象：8级以上强风把大量尘土及其他细颗粒物质卷入高空，形成一道高达500～3000米的翻腾风墙。暴风携带的尘土滚滚向前，在高空可飘散到数千公里甚至1万公里之外。在荒漠和半荒漠地区尘暴与沙暴的结合就是沙尘暴，黑风暴是特大的强沙尘暴。

从全球范围来看，沙尘暴天气多发生在内陆沙漠地区，源地主要有非洲的撒哈拉沙漠，北美中西部和澳大利亚也是沙尘暴天气的源地之一。在亚洲，沙尘暴活动中心主要在约旦沙漠、巴格达与海湾北部沿岸之间的美索不达米亚、阿巴斯附近的伊朗南部海滨，稗路支到阿富汗北部的平原地带。前苏联的中亚地区哈萨克斯坦、乌兹别克斯坦及土库曼斯坦都是沙尘暴频繁影响区，但其中心在里海与咸海之间的沙质平原及阿姆河一带。

我国西北地区由于独特的地理环境，也是沙尘暴频繁发生的地区，主要源地有古尔班通古特沙漠、塔克拉玛干沙漠、巴丹吉林沙漠、腾格里沙漠、乌兰布和沙漠和毛乌素沙漠等。

塔克拉玛干沙漠

沙尘暴天气是发生在我国西北地区和华北北部地区的强灾害性天气，可造成房屋倒塌、交通供电受阻或中断、火灾、人畜伤亡等后果，污染自然环境，破坏作物生长。沙尘暴给国民经济建设和人民生命财产安全造成严重的损失和极大的危害，主要表现在以下几方面：

大气污染

（1）生态环境恶化。出现沙尘暴天气时，狂风裹的沙石、浮尘到处弥漫，凡是经过的地区空气浑浊、呛鼻迷眼、呼吸道等疾病人数增加。如1993年5月5日发生在金昌市的强沙尘暴天气，当时监测到的室外空气含尘量为1016毫米/立方厘米，室内为80毫米/立方厘米，超过国家规定的生活区内空气含尘量标准的40倍。

（2）生产生活受影响。沙尘暴天气携带的大量沙尘蔽日遮光，天气阴沉，造成太阳辐射减少，恶劣的能见度常持续几小时到十几个小时，容易使人心情沉闷，工作学习效率降低。轻者可使大量牲畜染上呼吸道及肠胃疾病，严重时将导致大量"春乏"牲畜死亡、刮走农田沃土、种子和幼苗。沙尘暴还会使地表层土壤风蚀、沙漠化加剧，植物叶面上会覆盖厚厚的沙尘，影响正常的光合作用，造成作物减产。

土壤风蚀

（3）生命财产损失。1993年5月5日，甘肃省金昌、威武、民勤、白银等地市发生了强沙尘暴天气。受灾农田253.55万亩，损失树木4.28

沙尘暴给交通带来的阻碍

万株，造成直接经济损失达2.36亿元，死亡50人，重伤153人。2000年4月12日，永昌、金昌、威武、民勤等地市遭遇强沙尘暴天气。据不完全统计，仅金昌、威武两地市直接经济损失达1534万元。

（4）交通安全。沙尘暴天气经常影响交通安全，造成飞机不能正常起飞或降落，汽车、火车车厢玻璃破损、停运或脱轨。

　　沙尘暴主要危害方式：（1）强风。携带细沙粉尘的强风摧毁建筑物及公用设施，造成人畜伤亡。（2）沙埋。以风沙流的方式造成农田、渠道、村舍、铁路、草场等被大量流沙掩埋，尤其是对交通运输造成严重威胁。（3）土壤风蚀。每次沙尘暴的沙尘源和影响区都会受到不同程度的风蚀危害，风蚀深度可达1～10厘米。据估计，我国每年由沙尘暴产生的土壤细粒物质流失高达106～107吨，其中绝大部分粒径在10微米以下，对源区农田和草场的土地生产力造成严重破坏。（4）大气污染。在沙尘暴源地和影响区，大气中的可吸入颗粒物增加，大气污染加剧。

　　沙尘暴的危害虽然比较多，但整个沙尘暴的过程却是自然生态系所不能或缺的部分，例如澳洲的赤色沙暴中所夹带的大量铁质是南极海浮游生物重要的营养来源，而浮游植物又可消耗大量的二氧化碳，以减缓温室效应的危害，因此沙暴的影响层级并非全为负面。或许在另一层面来说，沙尘暴也许是地球为了应对环境变迁的一种症候。此外，由于沙尘暴多诞生在干燥高盐碱的土地上，因此沙尘暴所挟带的一些土粒当中也经常带有一些碱性的物质，这些碱性的物质往往可以起到减缓沙尘暴附近沉降区的酸雨作用或土壤酸化作用。因此，沙尘暴的危害虽然极大，但却是地球自然生态当中的一个必经过

赤色沙暴

植 被

程。只是，我们应该更积极的找寻异常沙尘暴频率发生的机制，以真正解决异常气候变迁对于环境的危害性。

沙尘暴的治理和预防措施主要有以下五个方面：

（1）加强环境的保护，把环境的保护提到法制的高度上来。（2）恢复植被，加强防止风沙尘暴的生物防护体系。实行依法保护和恢复林草植被，防止土地沙化进一步扩大，尽可能减少沙尘暴源地。（3）根据不同地区因地制宜地制定防灾、抗灾、救灾规划，积极推广各种减灾技术，并建设一批示范工程，以点带面逐步推广，进一步完善区域综合防御体系。（4）控制人口增长，减轻人为因素对土地的压力，保护好环境。（5）加强沙尘暴的发生、危害与人类活动的关系的科普宣传，使人们认识到自身所生活的环境一旦被破坏，就很难恢复，不仅加剧沙尘暴等自然灾害，还会形成恶性循环，所以人们要自觉地保护自己的生存环境。

自然小百科

沙尘暴

澳大利亚沙尘暴：澳大利亚被当地人称为干旱大陆。除北部和东部

以外，都属于干旱、半干旱气候，沙尘暴频发，尤其是其中最干旱省份——南澳大利亚。南澳大利亚是澳大利亚一个面积超过98.4平方千米的大省，位于南纬26°～38°，相对赤道的位置与我国华中和华北相当。南澳大利亚北部是广阔的牧场，是年平均降雨量仅有125毫米的干旱地区，南部是面积广阔的旱农区，主要出产小麦和大麦。炎热干旱的夏季，长时间裸露的休闲农地随处可见。南澳大利亚的气候极易形成引发龙卷风的气旋，这里的高温月份降雨极少，许多旱作农地休闲或用于放牧。土壤表层缺乏植被覆盖，加之羊群的践踏，导致了就地起沙，发生尘暴。每年夏季，都有成百上千的沙尘暴及其相关的自然现象席卷南澳大利亚的干旱和半干旱地区，南澳大利亚每年遭受风蚀危害的平均天数超过35天。

北美黑风暴："黑风暴"也称沙尘暴或沙暴，在美国发生过若干起，主要是由于美国拓荒时期开垦土地造成植被破坏引起的。1935年4月14日，美国西南大平原遭遇了一次强沙尘暴，这次沙尘暴影响比原来的沙尘暴影响都大，是20世纪30年代美国最严重的生态灾难之一。风暴从美国西部土地破坏最严重的干旱地区刮起，狂风卷着黄色的尘土，遮天蔽日，向东部横扫过去，形成一个东西长2400千米，南北宽1500千米，

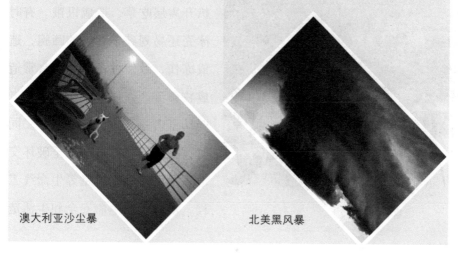

澳大利亚沙尘暴　　　　　　　北美黑风暴

高3.2千米的巨大的移动尘土带，当时空气中含沙量达40吨/立方千米。风暴持续了3天，掠过了美国2/3的大地，3亿多吨土壤被刮走，风过之处，水井、溪流干涸，牛羊死亡，人们背井离乡，一片凄凉。

雪　灾

　　雪灾也称为白灾，是因长时间大量降雪造成大范围积雪成灾的自然现象。雪灾主要发生在稳定积雪地区和不稳定积雪山区，偶尔出现在瞬时积雪地区。中国牧区的雪灾主要发生在内蒙古草原、西北和青藏高原的部分地区。

　　雪灾对畜牧业有一定的危害，积雪会掩盖草场，且超过一定深度。有的积雪虽不深，但密度较大或者雪面覆冰形成冰壳，牲畜难以扒开雪层吃草，造成饥饿。有时冰壳还易划破羊和马的蹄腕，造成冻伤，致使牲畜瘦弱，常常造成牧畜流产，仔畜成活率低，老弱幼畜饥寒交迫，死亡增多。同时，雪灾还严重影响甚至破坏交通、通讯、输电线路等生命线工程，对牧民的生命安全和生活造

雪　灾

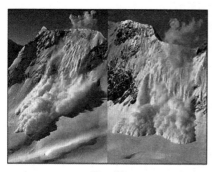

雪　崩

牧区雪灾

成威胁。

　　根据我国雪灾的形成条件、分布范围和表现形式，可以将雪灾分为3种类型：雪崩、风吹雪灾害（风雪流）和牧区雪灾。

　　根据积雪稳定程度，可以将我国积雪分为5种类型：

　　（1）永久积雪：在雪平衡线以上降雪积累量大于当年消融量，积雪终年不化。

　　（2）稳定积雪（连续积雪）：空间分布和积雪时间（60天以上）都比较连续的季节性积雪。

　　（3）不稳定积雪（不连续积雪）：虽然每年都有降雪，而且气温较低，但在空间上积雪不连续，多呈斑状分布，在时间上积雪日数10～60天，且时断时续。

　　（4）瞬间积雪：主要发生在华南、西南地区，这些地区平均气温较高，但在季风特别强盛的年份，因寒潮或强冷空气侵袭，发生大范围降雪，但很快消融，使地表出现短时（一般不超过10天）积雪。

　　（5）无积雪：除个别海拔高的山岭外，多年无降雪。雪灾主要发生在稳定积雪地区和不稳定积雪山区，偶尔出现在瞬时积雪地区。

　　按照雪灾发生的气候规律，可将雪灾分为两类：

暴风雪

雪灾阻碍交通

（1）猝发型：猝发型雪灾常发生在暴风雪天气过程中或以后，在几天内保持较厚的积雪对牲畜构成威胁。本类型多见于深秋和气候多变的春季。

（2）持续型：持续型雪灾达到危害牲畜的积雪厚度随降雪天气逐渐加厚，密度逐渐增加，稳定积雪时间长。此型可从秋末一直持续到第二年的春季。

人们通常把草场的积雪深度作为雪灾的首要标志。由于各地草场差异、牧草生长高度不等，因此形成雪灾的积雪深度是不一样的。内蒙古和新疆根据多年观察调查资料分析，对历年降雪量和雪灾形成的关系进行比较之后，得出雪灾的指标为：①轻雪灾。冬春降雪量相当于常年同期降雪量的120%以上；②中雪灾。冬春降雪量相当于常年同期降雪量的140%以上；③重雪灾。冬春降雪量相当于常年同期降雪量的160%以上。此外，雪灾的指标也可以用其它物理量来表示，诸如积雪深度、密度、温度等，不过上述指标的最大优点是使用简便，且资料易于获得。

农业生产防雪灾的五条措施：及早采取有效防冻措施，抵御强低温对越冬作物的侵袭，特别是要防止持续低温对旺苗、弱苗的危害；加强对大棚蔬菜和在地越冬蔬菜的管理，防止连阴雨雪、低温天气的危害，

雪后应及时清除大棚上的积雪。既减轻塑料薄膜压力，又有利于增温透光；加强各类冬季蔬菜、瓜果的储存管理；趁雨雪间隙及时做好"三沟"的清理工作，降湿排涝，以防连阴雨雪天气造成田间长期积水，影响麦菜根系生长发育；加强田间管理，中耕松土，铲除杂草，提高其抗寒能力；做好病虫害的防治工作；及时给麦菜盖土，提高御寒能力，若能用猪牛粪

清除大棚积雪

等有机肥覆盖，保苗越冬效果更好；做好大棚的防风加固，并注意棚内的保温、增温，减少蔬菜病害的发生，保障春节蔬菜的正常供应。

那么，在我们的日常生活中，应当如何应对雪灾这种恶劣天气，保证人身安全和健康呢？

（1）了解信息，防寒保暖，注意安全

要注意关于暴雪的最新预报、预警信息；要准备好融雪、扫雪工具和设备；要减少车辆外出；要了解机场、高速公路、码头、车站的停航或者关闭信息，及时调整出行计划；要储备食物和水；要远离不结实、不安全的建筑物；要为牲畜备好粮草并收回野外放牧的牲畜；对农作物要采取防冻措施。雪灾一旦发生，应该积极应对：要做好道路扫雪和融雪工作；外出时要采

清除道路积雪

羊 肉

糯 米

狗 肉

取防寒和保暖措施，在冰冻严重的南方，尽量别穿硬底鞋和光滑底的鞋，给鞋套上旧棉袜；驾车出行，慢速、主动避让、保持车距、少踩刹车、服从交警指挥和注意看道路安全提示是关键。

如果遭遇了暴风雪突袭，除了上述注意事项外，还要特别注意远离广告牌、临时建筑物、大树、电线杆和高压线塔架；路过桥下、屋檐等处，要小心观察或者干脆绕道走。

（2）应对雪灾必须特别注重膳食营养

①增加御寒食物的摄入。在冬季要适当用具有御寒功效的食物进行温补和调养，以温养全身组织、增强体质、促进新陈代谢、提高防寒能力、维持机体组织功能活动、抗拒外邪、减少疾病的发生。在冬季应吃性温热御寒并补益的食物，如羊肉、狗肉、甲鱼、虾、鸽、鹌鹑、海参、枸杞、韭菜、胡桃、糯米等。

②增加产热食物的摄入。由于冬季气候寒冷，机体每天为适应外界寒

冷环境，消耗能量相应增多，因而要增加产热营养素的摄入量。产热营养素主要指蛋白质、脂肪、碳水化合物等，因而要多吃富含这三大营养素的食物，尤其是要相对增加脂肪的摄入量，如在吃荤菜时注重肥肉的摄入量，在炒菜时多放些烹调油等。

③补充必要的蛋氨酸。寒冷的气候使人体尿液中肌酸的排出量增多，脂肪代谢加快，而合成肌酸及脂酸、磷脂在线粒体内氧化释放出的热量都需要甲基，因此在冬季应多摄取含蛋氨酸较多的食物，如芝麻、葵花籽、乳制品、酵母、叶类蔬菜等。

④多吃富含维生素类食物。由于寒冷气候使人体氧化产热加强，机体维生素代谢也发生明显变化。如增加摄入维生素A，以增强人体的耐寒能力。增加对维生素C的摄入量，以提高人体对寒冷的适应能力，并对血管具有良好的保护作用。维生素A主要来自动物肝脏、胡萝卜、深绿色蔬菜等食物，维生素C主要来自新鲜水果和蔬菜等食物。

⑤适量补充矿物质。人怕冷与机体摄入矿物质量也

胡萝卜

有一定关系。如钙在人体内含量的多少，可直接影响人体的心肌、血管及肌肉的伸缩性和兴奋性，补充钙可提高机体的御寒能力。含钙丰富的食物有牛奶、豆制品、海带等。食盐对人体御寒也很重要，它可使人体

产热功能增强，因而在冬季调味以重味辛热为主，但也不能过咸，每日摄盐量最多不超过6克为宜。

⑥注重热食。为使人体适应外界寒冷环境，应以热饭热菜用餐并趁热而食，以摄入更多的能量御寒。在餐桌上不妨多安排些热菜汤，这样既可增进食欲，又可消除寒冷感。

寒　潮

寒潮是冬季的一种灾害性天气，群众习惯把寒潮称为寒流。所谓寒潮，就是北方的冷空气大规模地向南侵袭我国，造成大范围急剧降温和偏北大风的天气过程。寒潮一般多发生在秋末、冬季、初春时节。并不是每一次冷空气南下都称为寒潮，我国气象部门规定：冷空气侵入造成的降温，一天内达到10℃以上，而且最低气温在5℃以下，则称此冷空气爆发过程为一次寒潮过程。

不同地域环境下爆发的寒潮具有不同的特点：在西北沙漠和黄土高原，表现为大风少雪，极易引发沙尘暴天气；在内蒙古草原则为大风、吹雪和低

寒潮天气

温天气；在华北、黄淮地区，寒潮袭来常常风雪交加；在东北表现为更猛烈的大风、大雪，降雪量为全国之冠；在江南常伴随着寒风苦雨。

寒潮和强冷空气通常带来的大风、降温天气，是我国冬半年主要的灾害性天气。寒潮大风对沿海地区威胁很大，通常会带来大面积降雪，如1969年4月21日至25日那次的寒潮，强风袭击渤海、黄海以及河北、山东、河南等省，陆地风力7～8级，海上风力8～10级。寒潮带来的雨雪和冰冻天气对交通运输危害不小。如1987年11月下旬的一次寒潮过程，使哈尔滨、沈阳、北京、乌鲁木齐等铁路局所管辖的不少车站道岔冻结、铁轨被雪埋、通信信号失灵、列车运行受阻。雨雪过后，道路结冰打滑，交通事故明显上升。寒潮袭来对人体健康危害很大，大风降温天气容易引发感冒、气管炎、冠心病、肺心病、中风、哮喘、心肌梗塞、

感　冒

心绞痛、偏头痛等疾病，有时还会使患者的病情加重。

除了给人类带来的灾难以外，寒潮也有有益的影响：（1）寒潮有助于地球表面热量交换。随着纬度增高，地球接收太阳辐射能量逐渐减弱，因此地球形成热带、温带和寒带。寒潮携带大量冷空气向热带倾泻，使地面热量进行大规模交换，这非常有助于自然界的生态保持平衡，保持物种的繁茂。（2）寒潮是风调雨顺的保障。我国受季风影响，

冬天气候干旱，为枯水期。每当寒潮南侵时，常会带来大范围的雨雪天气，缓解了冬天的旱情，使农作物受益。雪水还能加速土壤有机物质分解，从而增加土中有机肥料。大雪覆盖在越冬农作物上，就像棉被一样起到抗寒保温作用。（3）农作物病虫害防治专家认为，寒潮带来的低温，是目前最有效的天然"杀虫剂"，可大量杀死潜伏在土中过冬的害虫和病菌，或抑制其滋生，减轻来年的病虫害。各地农技站调查数据显示，大雪封冬之年，农药可节省60%以上。（4）寒潮还可带来风资源。科学家认为，风是一种无污染的宝贵动力资源。举世瞩目的日本宫古岛风能发电站，寒潮期的发电效率是平时的1.5倍。

雨雪中的农作物

寒潮的预防：（1）当气温发生骤降时，要注意添衣保暖，特别是要注意手、脸的保暖；（2）关好门窗，固紧室外搭建物；（3）外出当心路滑跌倒；（4）老弱病人，特别是心血管病人、哮喘病人等对气温变化敏感的人群尽量不要外出；（5）注意休息，不要过度疲劳；（6）提防煤气中毒，尤其是采用煤炉取暖的家庭更要提防；（7）应加强天气预报，提前发布准确的寒潮消息或警报；（8）发布准确的寒潮消息或紧报，使海上船舶及时返航；（9）事先对农作物，畜群等做好防寒准备。

风能发电站

寒潮预警信号分四级，分别以蓝色、黄色、橙色、红色表示。

（1）寒潮蓝色预警信号

标准：48小时内最低气温将要下降8℃以

上，最低气温小于等于4℃，陆地平均风力可达5级以上；或者已经下降8℃以上，最低气温小于等于4℃，平均风力达5级以上，并可能持续。

防御指南：政府及有关部门按照职责做好防寒潮准备工作；注意添衣保暖；对热带作物、水产品采取一定的防护措施；做好防风准备工作。

（2）寒潮黄色预警信号

标准：24小时内最低气温将要下降10℃以上，最低气温小于等于4℃，陆地平均风力可达6级以上；或者已经下降10℃以上，最低气温小于等于4℃，平均风力达6级以上，并可能持续。

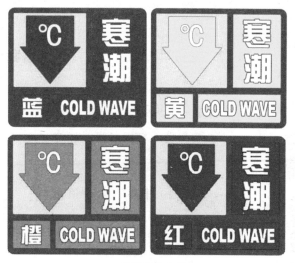

寒潮预警信号

（3）寒潮橙色预警信号

标准：24小时内最低气温将要下降12℃以上，最低气温小于等于0℃，陆地平均风力可达6级以上；或者已经下降12℃以上，最低气温小于等于0℃，平均风力达6级以上，并可能持续。

（4）寒潮红色预警信号

标准：24小时内最低气温将要下降16℃以上，最低气温小于等于0℃，陆地平均风力可达6级以上；或者已经下降16℃以上，最低气温小于等于0℃，平均风力达6级以上，并可能持续。

防御指南：政府及相关部门按照职责做好防寒潮的应急和抢险工作；注意防寒保暖；农业、水产业、畜牧业等要积极采取防霜冻、冰冻等防寒措施，尽量减少损失；做好防风工作。

自然小百科

入侵我国的寒潮

（1）西路：从西伯利
亚西部进入我国新疆，经河
西走廊向东南推进。

（2）中路：从西伯利
亚中部和蒙古进入我国后，
经河套地区和华中南下。

（3）东路：从西伯利
亚东部或蒙古东部进入我
国东北地区，经华北地区南下。

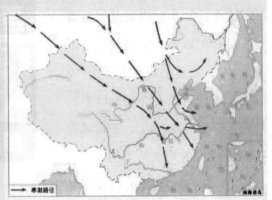

寒潮入侵我国主要路径示意

（4）东路加西路：东路冷空气从河套下游南下，西路冷空气从青海
东南下，两股冷空气常在黄土高原东侧，黄河、长江之间汇合，汇合时造
成大范围的雨雪天气，接着两股冷空气合并南下，出现大风和明显降温。

第三章

环境灾害

环境总是相对于某一中心事物而言的，它因中心事物的不同而不同，随中心事物的变化而变化。我们通常所称的环境就是指人类的环境。

环境分类一般以空间范围的大小、环境要素的差异、环境的性质等为依据。人类环境习惯上分为自然环境和社会环境。如果从性质来考虑的话，可分为物理环境、化学环境和生物环境等。如果按照环境要素来分类，可以分为大气环境、水环境、地质环境环境、土壤环境及生物环境。通常，按照人类生存环境的空间范围，可由近及远、由小到大地分为聚落环境、地理环境、地质环境和星际环境等层次结构，而每一层次均包含各种不同的环境性质和要素，并由自然环境和社会环境共同组成。

可是，随着科学的发展和工业化进程的加快，人类所生存的环境由于各种各样原因的影响出现了很多的问题，如令全球变暖的温室效应、臭氧层的被破坏、酸雨的出现、各种环境污染问题等。人与自然环境的关系出现了紧张和对立，整个生态系统不断受到破坏。在这一章里，我们就来谈一下具有代表性的几种环境灾害。

酸 雨

温室效应

温室效应是指透射阳光的密闭空间由于与外界缺乏热交换而形成的保温效应，也就是太阳短波辐射可以透过大气射入地面，而地面增暖后放出的长波辐射却被大气中的二氧化碳等物质所吸收，从而产生大气变暖的效应。自工业革命以来，人类向大气中排入的二氧化碳等吸热性强的温室气体逐年增加，大气的温室效应也随之增强，已引起全球气候变暖等一系列严重问题，引起了全世界各国的关注。

二氧化碳是数量最多的温室气体，约占大气总容量的0.03%。除二氧化碳外，还有其他气体。其中二氧化碳约占75%、氯氟代烷约占15%～20%，此外还有甲烷、一氧化氮等30多种。 如果二氧化碳含量比现在增加一倍，全球气温将升高3℃～5℃，两极地区可能升高10℃，气

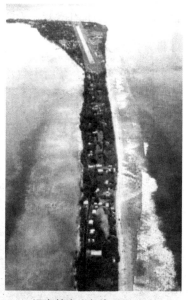

温室效应引起海平面上升

工业二氧化碳气体的排放

候将明显变暖。气温升高，将导致某些地区雨量增加，某些地区出现干旱，飓风力量增强，出现频率也将提高，自然灾害加剧。更令人担忧的是，由于气温升高，将使两极地区冰川融化，海平面升高，许多沿海城市、岛屿或低洼地区将面临海水上涨的威胁，甚至被海水吞没。20世纪60年代末，非洲下撒哈拉牧区曾发生持续6年的干旱。由于缺少粮食和牧草，牲畜被宰杀，饥饿致死者超过150万人。这是"温室效应"给人类带来灾害的典型事例。因此，必须有效地控制二氧化碳含量增加，控制人口增长，科学使用燃料，加强植树造林，绿化大地，防止温室效应给全球带来的巨大灾难。

科学家预测，今后大气中二氧化碳每增加1倍，全球平均气温将上升1.5℃ ~ 4.5℃，而两极地区的气温升幅要比平均值高3倍左右。因此，气温升高不可避免地使极地冰层部分融解，引起海平面上升。海平面上升对人类社会的影响是十分严重的。如果海平面升高1米，直接受影响的土

海平面上升

地约530平方千米，人口约10亿，耕地约占世界耕地总量的1/3。如果考虑到特大风暴潮和盐水侵入，沿海海拔5米以下地区都将受到影响，这些地区的人口和粮食产量约占世界的一半。一部分沿海城市可能要迁入内地，大部分沿海平原将发生盐渍化或沼泽化，不适于粮食生产。同时，对江河中下游地带也将造成灾害。当海水入侵后，会造成江水水位抬高，泥沙淤积加速，洪水威胁加剧，使江河下游的环境急剧恶化。

温室效应不断加强可能会带来一系列的问题：

（1）环境影响

①全球变暖

温室气体浓度的增加会减少红外线辐射放射到太空外，地球的气候因此需要转变来使吸取和释放辐射的份量达至新的平衡。这转变可包括"全球性"的地球表面及大气低层变暖，因为这样可以将过剩的辐射排放出外。虽然如此，地球表面温度的少许上升可能会引发其他的变动，例如：大气层云量及环流的转变。当中某些转变可使地面变暖加剧，某些则可令变暖过程减慢。

②地球上的病虫害增加，温室效应可使史前致命病毒威胁人类

美国科学家发出警告，由于全球气温上升令北极冰层溶化，可能导致被冰封十几万年的史前致命病毒重新出现，导致全球陷入疫症恐慌，人类生命将会受到严重威胁。一些研究人员相信，一系列的流行性感冒、小儿麻痹症和天花等疫症病毒可能藏在冰块深处，目前人类对这些原始病毒没有抵抗能力，当全球气温上升令冰层溶化时，这些埋藏在冰层千年或更长的病毒便可能会复活，形成疫症。

小儿麻痹症患者

③海平面上升

如果"全球变暖"正在发生，有两种过程会导致海平面升高。第一种是海水受热膨胀令水平面上升，第二种是冰川和格陵兰及南极洲上的冰块溶解使海洋水份增加。全球暖化会使南北极的冰层迅速融化，海平面不断上升，世界银行的一份报告显示，即使海平面只小幅上升1米，也足以导致5600万发展中国家人民沦为难民。而全球第一个被海水淹没的有人居住岛

卡特瑞岛

屿即将产生——位于南太平洋国家巴布亚新几内亚的岛屿卡特瑞岛，岛上主要道路水深及腰，农地也全变成烂泥巴地。

④气候反常，海洋风暴增多

⑤土地干旱，沙漠化面积增大

（2）对人类生活的潜在影响

经济的影响：海平面的显著上升对沿岸低洼地区及海岛会造成严重的经济损害。

农业的影响：实验证明，在二氧化碳高浓度的环境下，植物会生长得更快速和高大。但是，"全球变暖"的结果可会影响大气环流，继而改变全球的雨量分布与及各大洲表面土壤的含水量。由于未能清楚了解"全球变暖"对各地区性气候的影响，以致对植物生态所产生的转变亦未能确定。

海洋生态的影响：沿岸沼泽地区消失肯定会令鱼类，尤其是贝壳类

的数量减少。河口水质变咸，淡水鱼的品种数目减少，相反该地区海洋鱼类的品种也可能会相对增多。

水循环的影响：全球降雨量可能会增加。但是，地区性降雨量的改变则仍未知道。某些地区可能有更多雨量，但有些地区的雨量也可能会减少。此外，温度的提高会增加水分的蒸发，这会给地面上水源的运用带来压力。

温室效应和全球气候变暖已经引起了世界各国的普遍关注，目前正在推进制订国际气候变化公约，减少二氧化碳的排放已经成为大势所趋。科学家预测，如果现在开始有节制的对树木进行采伐，到2050年，全球暖化会降低5％。迄今为止，人们还无法提出有效的解决对策，但是提出了一些抑制排放量增长的方法。主要有以下几个方面：

（1）全面禁用氟氯碳化物。全球正在朝此方向推动努力，以此案最具实现可能性。倘若此案能够实现，对于2050年为止的地球温暖化，根据估计可以发挥3％左右的抑制效果。

（2）保护森林的对策方案。以热带雨林为生的全球森林，正在遭到人为持续不断的

采伐树木

热带雨林

急剧破坏。有效的因应对策，便是停止这种毫无节制的森林破坏，另一方面实施大规模的造林工作，努力促进森林再生。

（3）改善汽车使用燃料状况。日本汽车在此方面已获技术提升，大幅改善昔日那种耗油状况。此项努力所导致的化石燃料消费削减，估计到了2050年，可使温室效应降低5%左右。

（4）改善其他各种场合的能源使用效率。人类如今在大量使用能源，其中尤以住宅和办公室的冷暖气设备为最。因此，对于提升能源使用效率方面，仍然具有大幅改善余地，这对2050年为止的地球温暖化，预计可以达到8%左右的抑制效果。

（5）对石化燃料的生产与消费，依比例课税。如此一来，或许可以促使生产厂商及消费者在使用能源时有所警惕，避免作出无谓的浪费。而其税金收入，则可用于森林保护和替代能源的开发方面。

（6）鼓励使用天然瓦斯作为当前的主要能源。因为天然瓦斯较少排放二氧化碳，只是这种方式抑制温暖化的效果并不太大，顶多只有1%的程度左右。

汽车尾气排放

（7）汽机车的排气限制。由于汽机车的排气中，含有大量的氮氧化物与一氧化碳，因此希望减少其排放量。这种作法虽然无法达到直接削减二氧化碳的目的，但却能够产生抑制臭氧和甲烷等其他温室效应气体的效果。预计将对2050年为止的温暖化，分担2%左右的抑制效果。

（8）鼓励使用太阳能。这方面的努力能使化石燃料用量相对减少，因此对于降低温室效应具备直接效果。

太阳能能源

（9）开发替代能源。利用生物能源作为新的干净能源，也就是利用植物经由光合作用制造出来的有机物充当燃料，藉以取代石油等既有的高污染性能源。

 自然小百科

"全球变暖潜能"

各种温室气体对地球的能量平衡有不同程度的影响。为了帮助决策者能量度各种温室气体对地球变暖的影响，"跨政府气候转变委员会"在1990年的报告中引入"全球变暖潜能"的概念。"全球变暖潜能"是反映温室气体的相对强度，其定义是指某一单位质量的温室气体在一定时间内相对于二氧化碳的累积辐射力。对气候转变的影响来说，"全球变暖潜能"的指数已考虑到各温室气体在大气层中的存留时间及其吸收辐射的能力。在计算"全球变暖潜能"的时候，是需要明确各温室气体

在大气层中的演变情况和它们在大气层的余量所产生的辐射力。因此，"全球变暖潜能"含有一些不确定因素，以二氧化碳作为相对比较，一般约在±35%。

酸　　雨

被大气中存在的酸性气体污染，pH值小于5.65的酸性降水叫酸雨。酸雨主要是人为地向大气中排放大量酸性物质造成的。酸雨是一种复杂的大气化学和大气物理的现象。酸雨中含有多种无机酸和有机酸，绝大部分是硫酸和硝酸。工业生产、民用生活燃烧煤炭排放出来的二氧化硫，燃烧石油以及汽车尾气排放出来

酸雨腐蚀

的氮氧化物，经过水汽凝结在硫酸根、硝酸根等凝结核上，发生液相氧化反应，形成硫酸雨滴和硝酸雨滴；又经过含酸雨滴在下降过程中不断合并吸附、冲刷其他含酸雨滴和含酸气体，形成较大雨滴，最后降落在地面上，形成了酸雨。

酸雨的形成，跟以下几个方面的因素有关：

（1）酸性污染物的排放及转换条件

一般说来，SO_2污染越严重，降水中硫酸根离子浓度就越高，导致pH值越低。

（2）大气中的氨

大气中的氨对酸雨的形成非常重要。氨是大气中唯一溶于水后显碱性的气体。由于它的水溶性，能与酸性气溶胶或雨水中的酸反应，起中和作用而降低酸度。大气中氨的来源主要是有机物的分解和农田施用的氮肥的挥发。

（3）颗粒物酸度及其缓冲能力

大气中的污染物除酸性气体二氧化硫和二氧化氮外，还有一个重要成员——颗粒物。颗粒物的来源主要有煤尘和风沙扬尘，后者在北方约占一半，在南方约占三分之一。颗粒物对酸雨的形成有两方面的作用，一是所含的催化金属促使二氧化硫氧化成酸；二是对酸起中和作用。但如果颗粒物本身是酸性的，就不能起中和作用，而且还会成为酸的来源之一。目前我国大气颗粒物浓度水平普遍很高，为国外的几倍到十几倍，这在酸雨研究中自然是不能忽视的。

（4）天气形势的影响

如果气象条件和地形有利于污染物的扩散，大气中污染物浓度就会降低，酸雨就会减弱，反之则加重。

酸雨形成机制

酸雨腐蚀的树木

酸雨主要通过三种方式对人类健康产生影响：一是经皮肤沉积而吸收；二是经呼吸道吸入，主要是硫和氮的氧化物引起急性和慢性呼吸道损害，原先就有肺部疾患，特别是年幼的哮喘病人受酸雨影响最为明显；三是来自地球表面微量金属的毒性作用，这是酸雨对人类健康最大的潜在危害。

酸雨影响的程度是一个争论不休的主题。对湖泊和河流中水生物的危害是最初人们注意力的焦点，但现在人们已认识到，酸雨对建筑物、桥梁和设备的危害也是十分严重的。受到酸雨最大危害的是那些缓冲能力很差的湖泊，当有天然碱性缓冲剂存在时，酸雨中的酸性化合物（主要是硫酸、硝酸和少量有机酸）就会被中

被酸雨腐蚀的德国石雕像

和。然而，处于花岗岩（酸性）地层上的湖泊容易受到直接危害，因为雨水中的酸能溶解铝和锰这些金属离子。这能引起植物和藻类生长量的减少，而且在某些湖泊中，还会引起鱼类种群的衰败或消失。由这种污染形式引起的对植物的危害范围，包括从对叶片的有害影响直到细根系的破坏。

酸雨给地球生态环境和人类的社会经济带来严重的影响和破坏：

（1）酸雨使土壤酸化，降低土壤肥力，许多有毒物质被值物根系吸收，毒害根系，杀死根毛，使植物不能从土壤中吸收水分和养分，抑

制植物的生长发育。

（2）酸雨使河流、湖泊的水体酸化，抑制水生生物的生长和繁殖，甚至导致鱼苗窒息死亡；酸雨还杀死水中的浮游生物，减少鱼类食物来源，使水生生态系统紊乱；酸雨污染河流湖泊和地下水，直接或间接危害人体健康。

（3）酸雨通过对植物表面（叶、茎）的淋洗直接伤害或通过土壤的间接伤害促使森林衰亡，酸雨还诱使病虫害暴发，造成森林大片死亡。欧洲每年排出2200万吨硫，毁灭了大片森林。我国四川、广西等省区已有10多万公顷森林濒临死亡。

鱼苗窒息死亡

（4）酸雨对金属、石料、木料、水泥等建筑材料有很强的腐蚀作用，世界已有许多古建筑和石雕艺术品遭酸雨腐蚀破坏，如加拿大的议会大厦、我国的乐山大佛等。酸雨还直接危害电线、铁轨、桥梁和房屋。

目前，世界上已形成了三大酸雨区，一是以德、法、英

乐山大佛

等国家为中心，涉及大半个欧洲的北欧酸雨区。二是20世纪50年代后期形成的包括美国和加拿大在内的北美酸雨区。这两个酸雨区的总面积已达1000多万平方千米，降水的pH小于5.0，有的甚至小于4.0。三是我国在20世纪70年代中期开始形成的覆盖四川、贵州、广东、广西、湖南、湖北、江西、浙江、江苏和青岛等省市部分地区，面积为200万平方千米的酸雨区。我国酸雨区面积虽小，但发展扩大之快，降水酸化速率之高，在世界上是罕见的。

黄铁矿

酸雨这种全球性的危害已引起世界各国的普遍关注。联合国多次召开国际会议讨论酸雨问题。还有不少国家把控制酸雨列为国家重大科研项目。1993年在印度召开的"无害环境生物技术应用国际合作会议"上，专家们提出了利用生物技术预防、阻止和逆转环境恶化，增强自然资源的持续发展和应用，保持环境完整性和生态平衡的措施。专家们认为：利用生物技术治理环境具有巨大的潜力。煤是当前最重要的能源之一，但煤中含有硫，燃烧时会放出二氧化硫等有害气体。煤中的硫有无机硫和有机硫两种。无机硫大部分以矿物质的形式存在，其中主要的是黄铁矿。生物学家还利用微生物脱硫，将2价铁变成3价铁，把单体硫变成硫酸，取得了很好效果。例如，美国煤气研究所筛选出一种新的微生物菌株，它能从煤中分离出有机硫而不降低煤的质量。日本中央电力研究所从土壤中分离出一种硫杆菌，它是一种铁氧化细菌，能有效地去除煤中的无机硫。捷克筛选出的一种酸热硫化杆菌，可脱除黄铁矿中75％的硫。

核 能

目前，科学家发现，能脱去黄铁矿中硫的微生物还有氧化亚铁硫杆菌和氧化硫杆菌等。日本财团法人中央电力研究所最近开发出的利用微生物脱硫的新技术，可除去70％的无机硫，还可减少60％的粉尘。这种技术原理简单、设备价廉，特别适合无力购买昂贵脱硫设备的发展中国家

水 能

使用。由于生物技术脱硫符合"源头治理"和"清洁生产"的原则，因而越来越受到世界各国的重视。

地热能

控制酸雨的根本措施是减少二氧化硫和一氧化氮的人为排放量。实现这一目标有两个途径：一是调整以矿物燃料为主的能源结构，增加无污染或少污染的能源比例，发展太阳能、核能、水能、风能、地热能等不产生酸雨

污染的能源；二是加强技术研究，减少废气排放，积极开发利用煤炭的新技术，推广煤炭的净化技术、转化技术，改进燃煤技术，改进污染物控制技术，采取烟气脱硫、脱氮技术等重大措施。

水污染

水体污染

水污染是指水体因某种物质的介入，而导致其化学、物理、生物或者放射性等方面特征的改变，从而影响水的有效利用，危害人体健康或者破坏生态环境，造成水质恶化的现象。目前，全世界每年约有4200多亿立方米的污水排入江河湖海，污染了5.5万亿立方米的淡水，这相当于全球径流总量的14%以上。

废水从不同角度有不同的分类方法。从来源看，废水可分为生活废水和工业废水；从污染物的化学类别来看，废水可分无机废水与有机废水；从工业部门或产生废水的生产工艺来看，废水又可分为焦化废水、冶金废水、制药废水、食品废水等。

水污染主要由人类活动产生的污染物而造成的，它包括工业污染源，农业污染源和生活污染源三大部分。

（1）工业污染源

工业废水是水域的重要污染源，具有量大、面广、成分复杂、毒性大、不易净化、难处理等特点。工业废水排放量在全国废水排放总量中占据很大的部分，还有许多乡镇企业工业污水排放量更是多到难以统计。

（2）农业污染源

农业污染源包括牲畜粪便、农药、化肥等。农药污水中，一是有机质、植

水体污染

物营养物及病原微生物含量高，农药、化肥含量高。我国是世界上水土流失最严重的国家之一，每年表土流失量约50亿吨，致使大量农药、化肥随表土流入江、河、湖、库，随之流失的氮、磷、钾营养元素，使2/3的湖泊受到不同程度富营养化污染的危害，造成藻类以及其他生物异常繁殖，引起水体透明度和溶解氧的变化，从而致使水质恶化。

（3）生活污染源

生活污染源主要是城市生活中使用的各种洗涤剂和污水、垃圾、粪便等，多为无毒的无机盐类，生活污水中含氮、磷、硫多，致病细菌多。

随着工业进步和社会发展，水污染也变得日益严重，已严重威胁到

了人类的生存安全，阻碍了人类健康、经济和社会的可持续发展。据世界权威机构调查，在发展中国家，各类疾病有8%是因为饮用了不卫生的水而传播的，全球每年因饮用不卫生水至少有2000万人死亡。因此，水污染成了世界性的头号环境治理难题。

水污染不仅影响工业生产、增大设备腐蚀、影响产品质量，还影响人们的生活，破坏生态，直接危害人的健康。

（1）对工农业生产的危害

水质污染后，工业用水必须投入更多的处理费用，造成资源、能源的浪费，食品工业用水要求更为严格，水质不合格，会使生产停顿。农业使用污水，使作物减产，品质降低，甚至使人畜受害，大片农田遭受污染，降低土壤质量。海洋污染的后果也十分严重，如石油污染，会造成海鸟和海洋生物的死亡。

石油污染

（2）危害人的健康

水污染后，通过饮水或食物链，污染物进入人体，使人患有急性或慢性中毒。被寄生虫、病毒或其他致病菌污染的水，会

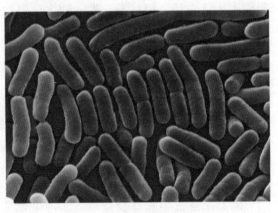

伤寒杆菌

引起多种传染病和寄生虫病。受到重金属污染的水，对人的健康均有危害，会造成肾、骨骼病变，引起贫血，神经错乱，引起皮肤溃疡，还有致癌作用。世界上80%的疾病与水有关。伤寒、霍乱、胃肠炎、痢疾、传染性肝类等人类五大疾病，均是因为水被污染造成的。

（3）水的富营养化

含有大量氮、磷、钾的生活污水的排放，使得大量有机物在水中降解放出营养元素，促进水中藻类丛生、植物疯长、使水体通气不良、溶解氧下降，甚至出现无氧层。以致使水生植物大量死亡、水面发黑、水体发臭、进而变成沼泽。这种现象称为水的富营养化。富营养化的水臭味大、颜色深、细菌多，这种水的水质差，不能直接利用，水中的鱼也大量死亡。

水污染导致鱼大量死亡

面对严峻的缺水、水污染问题，我们应积极行动起来，珍惜每一滴水，采取多种措施，合理利用和保护水资源。

首先，要树立惜水意识，开展水资源警示教育。一直以来，人们普遍认为水是取之不尽，用之不竭的，因此不知道自觉珍惜。事实上，地球上的水资源并不是用之不尽的，尤其是我国的人均水资源量并不丰富，地区分布也不均匀，而且年内变化莫测，年际差别很大，再加上污染严重，造成水资源更加紧缺的状况。因此，人们一定要建立起水资源危机意识，把节约水资源作为我们自觉的行为准则，采取多种形式对人们进行水资源警示教育。

其次，必须合理开发水资源，避免水资源破坏。水资源的开发包括

节约用水海报

地表水资源开发和地下水资源开发。水在开采地下水的时候，由于各含水层的水质差异较大，应当分层开采；对已受污染的潜水和承压水不得混合开采；对揭露和穿透水层的勘探工程，必须按照有关规定严格做好分层止水和封孔工作，有效防止水资源污染，保证水体自身持续发展。

再次，提高水资源利用率，减少水资源浪费。有效节水的关键在于利用"中水"，实现水资源的重复利用。另外，利用经济杠杆调节水资源的有效利用。由于水管理不到位，很多地方有长流水现象发生。因此，必须安装有效的水计量装置，执行多用水多计费的原则，以培养公民节约用水的习惯。此外，在节约用水资源的同时应避免无效浪费。北方的冬季，水管很容易冻裂，造成严重的漏水，应特别注意预防和检查；随着社会经济的发展和城市化进程的加快，为了缓解水资源紧张的情况，除了大力抓好节约和保护水资源工作外，水权交易也势在必行；我国在水资源的配制上，应当转变传统观念，认识到水资源的自然属性和商品属性，遵循自然规律和价值规律，确实把水作为一种商品，合理应用市场机制配置水资源，减少资源浪费。

最后，进行水资源污染防治，实现水资源综合利用。水体污染包括地表水污染和地下水污染两部分，生产过程中产生的工业废水、工业垃圾、工业废气、生活污水和生活垃圾都能通过不同渗透方式造成水资源的污染，给人类生产、生活带来极坏影响，因此，应当对生产、生活污水进行有效防治。总之，我们必须坚决执行水污染防治的监督管理制度，必须坚持谁污染谁治理的原则，最终实现水资源综合利用。

大气污染

大气污染通常是指由于人类活动或自然过程引起某些物质进入大气中，呈现出足够的浓度，达到足够的时间，并因此危害了人体的舒适、健康和福利或环境的现象。

凡是能使空气质量变坏的物质都是大气污染物。目前，已知的大气污染物约有100多种，主要分为有害气体及颗粒物。有害气体包括二氧

大气污染

化碳、氮氧化物、碳氢化物、光化学烟雾和卤族元素等，颗粒物包括粉尘和酸雾、气溶胶等。它们的主要来源是工厂排放、汽车尾气、农垦烧荒、森林失火、炊烟、尘土等。

汽车尾气污染

大气污染物的产生主要有自然因素和人为因素两种，自然因素主要指森林火灾、火山爆发等，人为因素主要指工业废气、生活燃煤、汽车尾气、核爆炸等。大气污染物的产生以人为因素为主，尤其是工业生产和交通运输所造成的大气污染。大气污染的主要过程由污染源排放、大气传播、人与物受害三个环节构成。影响大气污染范围和强度的因素有污染物的性质、污染源的性质、气象条件、地表性质。

大气污染对人体的危害主要表现为呼吸道疾病；对植物可使其生理机制受压抑，成长不良，抗病虫能力减弱，甚至死亡；大气污染还能对气候产生不良影响，如降低能见度，减少太阳辐射（据资料表明，城市太阳辐射强度和紫外线强度要分别比农村减少10%~30%和10%~25%）而导致城市佝偻发病率增加；大气污染物能腐蚀物品，影响产品质量。

大气污染的防治方法很多，根本途径是改革生产工艺，综合利用，将污染物消灭在生产过程之中；另外，全面规划，合理布局，减少居民稠密区的污染；在高污染区，限制交通流量；选择合适厂址，设计恰当烟囱高

园林绿化

度，减少地面污染；在最不利气象条件下，采取措施，控制污染物的排放量。具体来看，主要包括以下几个方面：

（1）加强绿化

植物除美化环境外，还具有调节气候、阻挡、滤除和吸附灰尘，吸收大气中的有害气体等功能。

（2）加强对居住区内局部污染源的管理

如饭馆、公共浴室等的烟囱、废品堆放处、垃圾箱等均可散发有害气体污染大气，并影响室内空气，卫生部门应与有关部门配合、加强管理。

（3）合理安排工业布局和城镇功能分区

应结合城镇规划，全面考虑工业的合理布局。工业区一般应配置在城市的边缘或郊区，位置应当在当地最大频率风向的下风侧，使得废气吹响居住区的次数最少。居住区不得修建有害工业企业。

（4）区域集中供暖供热

设立大的电热厂和供热站，实行区域集中供暖供热，尤其是将热电厂、供热站设在郊外，是消除烟尘的十分有效的措施。

（5）加强工艺措施

加强工艺过程，采取以无毒或低毒原料代替毒性大的原料；加强生产管理。防止一切可能排放废气污染大气的情况发生；综合利用变废为宝。例如电厂排出的大量煤灰可制成水泥、砖等建筑材料。又可回收氮，制造氮肥等。

水 泥

（6）控制燃煤污染

采用原煤脱硫技术，优先使用低硫燃料；改进燃煤技术，减少燃煤过程中二氧化硫和氮氧化物的排放量；开发新能源，如太阳能、风能、核能、可燃冰等，但是目前技术不够成熟。

（7）交通运输工具废气的治理

减少汽车废气排放。主要是改善发动机的燃烧设计和提高油的燃烧质量，加强交通管理。另外，也可以开发新型燃料，如甲醇、乙醇等含氧有机物、植物油和气体燃料，降低尾气污染排放量。

（8）烟囱除尘

烟囱除尘法包括对烟气中的二氧化硫进行控制技术分干法（以固体粉末或颗粒为吸收剂）和湿法（以液体为吸收剂）两大类。烟囱越高越有利于烟气的扩散和稀释，一般烟囱高度超过100米效果就已十分明显。

烟囱除尘

光污染

一般认为，光污染泛指影响自然环境，对人类正常生活、工作、休息和娱乐带来不利影响，损害人们观察物体的能力，引起人体不舒适感和损害人体健康的各种光。从波长十纳米至一毫米的光辐射，即紫外辐射、可见光辐射、红外辐射，在不同的条件下都可能成为光污染源。

依据不同的分类原则，光污染可以分为不同的类型。国际上一般将光污染分成白亮污染、人工白昼和彩光污染三类。

（1）白亮污染

当太阳光照射强烈时，城市里建筑物的玻璃幕墙、釉面砖墙、磨光大理石和各种涂料等装饰反射光线，明晃白亮、眩眼夺目。专家研究发现，长时间在白色光亮污染环境下工作和生活的人，视网膜和虹膜都会受到

玻璃幕墙

程度不同的损害，视力急剧下降，白内障的发病率高达45%。白亮污染还会使人头昏心烦，甚至发生失眠、食欲下降、情绪低落、身体乏力等类似神经衰弱的症状。夏天，玻璃幕墙强烈的反射光进入附近居民楼房内，破坏室内原有的良好气氛，也使室温平均升高4℃～6℃，影响居民正常的生活。

（2）人工白昼

墨尔本人工白昼

夜幕降临后，商场、酒店上的广告灯、霓虹灯闪烁夺目，令人眼花缭乱。有些强光束甚至直冲云霄，使得夜晚如同白天一样，这也就是所谓的人工白昼。人工白昼会使人们在夜晚难以入睡，扰乱人体正常的生物钟，导

致人们白天工作效率低下。人工白昼还会伤害鸟类和昆虫，强光可能破坏昆虫在夜间的正常繁殖过程。目前，大城市普遍过多使用灯光，使天空太亮，看不见星星，影响了天文观测、航空等，很多天文台因此被迫停止工作。

（3）彩光污染

舞厅、夜总会安装的黑光灯、旋转灯、荧光灯以及闪烁的彩色光源构成了彩光污染。据测定，黑光灯所产生的紫外线强度大大高于太阳光中的紫外线，且对人体有害影响持续时间长。人如果长期接受这种照射，可诱发流鼻血、脱牙、白内障，甚至导致白血病和其他癌变。彩色光源让人眼花缭乱，不仅对眼睛不利，而且干扰大脑中枢神经，使人感到头晕目眩，出现恶心呕吐、失眠等症状。不仅如此，彩光污染还会对人的心理产生影响。

旋转灯

另外，有些学者还根据光污染所影响的范围的大小将光污染分为室外视环境污染、室内视环境污染、局部视环境污染。其中，室外视环境污染包括建筑物外墙、室外照明等；室内视环境污染包括室内装修、室内不良的光色环境等；局部视环境污染包括书簿纸张和某些工业产品等。

光污染问题最早于20世纪30年代由国际天文界提出，他们认为光污染是城市室外照明使天空发亮造成对天文观测的负面的影响。光污染可以使世界上1/5的人看不到银河。

　　随着城市建设的发展和科学技术的进步，日常生活中的建筑和室内装修采用镜面、瓷砖和白粉墙日益增多，近距离读写使用的书簿纸张越来越光滑。科学测定：一般白粉墙的光反射系数为69％～82％，镜面玻璃的光反射系数为82％～88％，特别光滑的粉墙和洁白的书簿纸张的光反射系数高达90％，比草地、森林或毛面装饰物面高10倍左右，这个数值大大超过了人体所能承受的生理适应范围，构成了现代新的污染源。经研究表明，噪光污染可对人眼的角膜和虹膜造成伤害，抑制视网膜感光细胞功能的发挥，引起人们的视疲劳和视力下降。

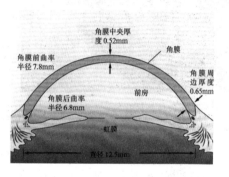

角　膜

　　科学家最新研究表明，彩光污染不仅有损人的生理功能，而且对人的心理也有影响。"光谱光色度效应"测定显示，白色光对人的心理影响为100，蓝色光为152，紫色光为155，红色光为158，黑色光为187。如果人们长期处在彩光灯的照射下，其心理积累效应，也会不同程度地引起倦怠无力、头晕、性欲减退、阳痿、月经不调、神经衰弱等身心方面的病症。

　　人工白昼还可伤害昆虫和鸟类、

神经衰弱

因为强光可破坏夜间活动昆虫的正常繁殖过程。同时，昆虫和鸟类可被强光周围的高温烧死。

光污染对植物的影响

光污染还会破坏植物体内的生物钟节律，有碍其生长，导致其茎或叶变色，甚至枯死；对植物花芽的形成造成影响，并会影响植物休眠和冬芽的形成。

视觉环境已经严重威胁到人类的健康生活和工作效率，每年给人类造成大量损失。为此，关注视觉污染，改善视觉环境，已成为刻不容缓的大事。

光污染虽未被列入环境防治范畴，但它的危害显而易见，并在日益加重和蔓延。因此，人们在生活中应注意，防止各种光污染对健康的危害，避免过长时间接触污染。

光对环境的污染是实际存在的，但由于缺少相应的污染标准与立法，因而不能形成较完整的环境质量要求与防范措施。防治光污染是一项社会系统工程，需要有关部门制订必要的法律和规定，采取相应的防护措施。

首先，在企业、卫生、环保等部门，一定要对光的污染有一个清醒的认识，要注意控制光污染的源头，要加强预防性卫生监督，做到防患于未然；科研人员在科学技术上也要探索有利于减少光污染的方法。在设计方案上，合理选择光源。要教育人们科学地合理使用灯光，注意调整亮度，不可滥用光源，不要再扩大光的污染。

其次，对于个人来说要增加环保意识，注意个人保健。个人如果不

防护服

能避免长期处于光污染的工作环境中，应该考虑到防止光污染的问题，采用个人防护措施：戴防护镜、防护面罩、穿防护服等。把光污染的危害消除在萌芽状态。已出现症状的应定期去医院眼科作检查，及时发现病情，以防为主，防治结合。

室内污染

室内污染指由于室内引入能释放有害物质的污染源或者室内环境通风不佳导致室内空气中有害物质无论数量还是种类上不断增加，从而引起一系列人们不适应的症状的现象。在世界卫生组织公布的《2002年世界卫生报告》中，室内烟尘与高血压、胆固醇过高症及肥胖症等被共同列为人类健康的10大威胁。报告指出，尽管空气污染物主要存在于室外，但是人们长期生活在室内，因此人们受到的空气污染主要来源于室内空气污染。专家认为，继"煤烟型""光

室内烟尘

室内装修

化学烟雾污染

室内花卉

化学烟雾型"污染后，现代人正进入以"室内空气污染"为标志的第三污染时期。

人类至少70%以上的时间在室内度过，而城市人口在室内度过的时间超过了90%，尤其是婴幼儿和老弱残疾者在室内的时间更长。但是室内空气污染物的浓度一般是室外污染物浓度的2~5倍，在某些情况下是室外污染物的几十甚至几百倍。室内环境污染已成为继18世纪工业革命带来的煤烟污染（第一代污染）和19世纪石油和汽车工业发展带来的光化学烟雾污染（第二次污染）之后的，由20世纪中叶开始，21世纪还在继续的第三代污染，可见其污染的严重性。

气体污染物在室内空气中多达数十种乃至数百种以上。特别是室内通风条件不良时，这些气体污染物就会在室内积聚，浓度升高，有的浓度甚至超过卫生标准数十倍，从而造成室内空气严重污染。室内空气污染物按其性质可以分为非生物污染与生物及微生物污染两类。非生物污染物自身又包括了很多种污染物，又可以将其分为化学污染物和物理污染物等。化学污染物由建筑材料、装饰材料、家用化学品、香烟雾以及燃烧产物等产生。而物理性污染主要指由室内外地基、建筑材料所产生的放射性污染和室内外的噪声、室内家电设备的磁辐射等。除此以外，室内还存在粉尘和可吸入颗粒物等的污染。生物及微生物污染则是指由生活垃圾、空调、室内花卉、宠物、地毯、家具等产生的污染，包括细菌、病菌、尘螨等。室内潮湿的地方容易滋生真菌，造成微生物污染室内空气。真菌在大量繁殖的过程中，还会散发出令人讨厌的特殊臭气。

室内空气污染的危害许多人并不知晓，普遍以为只有极少数家庭才会出现室内空气污染的问题。因此，即使有些人的家中有家具的异味，他们也不会联想到空气污染问题。我们知道，常见的室内污染物主要有甲醛、苯、二甲苯、TVOC等。甲醛是目前导致室内污染最普遍的污染物，它主要来源于家具、地板、生活用品等。苯具有芳香气味，主要来源于壁纸、沙发、油漆等等。TVOC是指总挥发性有机化合物，它的组成极为复杂，

油漆

污染源也是各不相同，因此TVOC超标是很多家庭室内污染常见的问题。

随着社会经济的迅速发展，现代人对高质量生活的追求不断提高。使用地板革、墙纸和各种涂料的人也越来越多。这些东西有的是化学合成品，有的是塑料制品。其中不少制品含有致癌物质，如苯、四氯化碳是已知的致癌物。石棉是建筑业大量使用的原材料，它含有矿物纤维，长期吸入石棉粉尘的人会患石棉肺。

我国房地产业发展迅猛，从而带来了建筑装饰业的蓬勃发展。与国外发达国家相比，我国对建筑装饰材料的卫生质量和要求的监督与管理方面尚有很大的差距，装修造成的室内空气污染会给居住者带来很大危害，尤其是对儿童、老年人、孕妇以及职业接触者等的危害更大。据相关调查研究表明，我国目前每年由于室内空气污染造成的损失，如果按支付意愿价值估计，约为106亿美元。当前室内污染引发的各种健康问题已成为突出的公共卫生问题。

厨房油烟也含有致癌物质。根据研究发现，菜籽油、豆油加热到270℃～280℃时产生的凝聚物，可以导致细胞染色体损伤。染色体损伤是细胞癌变的第一步。不加热的油没有这种损伤，加热不到240℃，损伤较轻。所以食油加温过高，尤其热到冒油烟时能产生大量有害的致癌物，特别

苯

菜籽油

是油炸食品时，满厨房都是油烟，对身体危害更大。

室内污染气体是室内环境污染的主体，室内环境中的污染气体可以引发各种刺激症状和过敏反应，即建筑物综合征、建筑物关联症和多元物质过敏症，主要表现为呼吸系统症状和眼部刺激症状等，过敏反应有过敏性肺炎、过敏性鼻炎、哮喘等；还会影响免疫功能和影响神经系统；并且有致突变性和致癌性，不少挥发性有机物然气体都与癌症存在一定关联。

在经济的不断发展中，人们逐渐认清了室内污染的严重性，便开始不断地寻找消除或避免其污染的办法。

（1）从装修材料方面着手，严格选用环保安全型材料，选用不含甲醛的粘胶剂、不含苯的涂料、不含纤维的石膏板材、不含甲醛的大芯板和贴面板等。在进行室内装修、购置室内用品时，应多采用纯天然物品或无致癌作用的物品，如石炭、木板、玻璃等。

（2）新装修的居室，最好在半年后再入住。期间必须保持通风，保持室内空气流通。而在污染比较严重的厨房，一定要安装排气扇或抽油烟机。尽量减少做饭时油烟污染对人身体的危害。

（3）一些耐高温板材、软包等，可使用高温蒸汽机对其进行杀菌消毒。另外还可以使药剂更好地渗透，达到更好的清除效

芦　荟

果；使用前尽可能做一下试验，避免破坏物品。

此外，在居住以后，可以在室内养一些芦荟、吊兰、鸭舌草以及菊花、常青藤、铁树等花卉植物，以清除或减轻装修给人带来的危害。

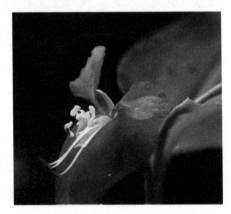

吊 兰　　　　　　　　　　　　鸭舌草

臭氧层

在距离地球表面14～25千米的高空，因受太阳紫外线照射的缘故，形成了包围在地球外围空间的臭氧层。人类真正认识臭氧还是在150多年以前，德国化学家先贝因博士首次提出：在水电解及火花放电中产生的臭味同在自然界闪电后产生的气味相同。先贝因博士认为其气味类似于希腊文的OZEIN（意为"难闻"），因此将其命名为臭氧。

自然界中的臭氧，大多分布在距地面20～50千米的大气中，我们称之为臭氧层。臭氧层中的臭氧主要是紫外线制造出来的。太阳光线中的紫外线分为长波和短波两种，当大气中（含有21%）的氧气分子受到短波紫外线照射时，氧分子会分解成原子状态。氧原子的不稳定性极强，极易与其他物质发生反应。如与氢反应生成水，与碳反应生成二氧化碳。同样的，与氧分子反应时，就形成了臭氧。臭氧形成后，由于其比重大于氧气，会逐渐的向臭氧层的底层降落，在降落过程中随着温度的变化（上升），臭氧不稳定性愈趋明显，再受到长波紫外线的照射，再度还原为氧。臭氧层就是保持了这种氧气与臭氧相互转换的动态平衡。

　　把大气中所有的臭氧集中在一起，仅仅有三公分薄的一层。因为地球表面存在有臭氧，太阳的紫外线大概有近1%部分可达地面。尤其是在大气污染较轻的森林、山间、海岸周围的紫外线较多，存在比较丰富的臭氧。此外，雷电作用也产生臭氧，分布于地球的表面。正因为如此，雷雨过后，人们感到空气的清爽，人们也愿意到郊外的森林、山间、海岸去吮吸大自然清新的空气，这就是臭氧的功效，因此臭氧是一种干净清爽的气体。

　　近年来，"臭氧洞"是一个经常被提起的名词。臭氧既能生成，也能被光分解。臭氧吸收太阳紫外辐射加热平流层大气，形成平流层环流特征。紫外线又击碎了臭氧分子，分解成氧分子和一

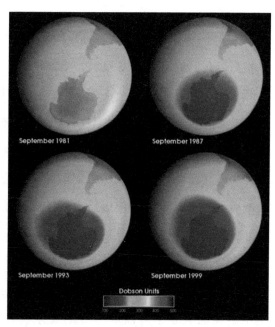

臭氧层空洞

工业废气

个氧原子。生成与分解动态平衡，便能维持地球生命保护伞的存在。如果失去平衡，臭氧总量也会随之增加或减少。

科学家早就发现氯是破坏臭氧层的原因。发现平流层氯的真正来源是三位化学家，克鲁岑、罗兰和莫林纳。完全由人工合成的"佛利昂"，由于工业上应用范围广泛，所以在过去的50年间，排放在大气中的量已经相当可观，而且它非常稳定，生命期长达40~150年，因此会在大气中不断积累，最后将上升至平流层，在这里因受紫外线照射而分解产生氯原子，活泼的氯原子会与臭氧反应，使臭氧分解消失。

过多地使用氯氟烃类化学物质是破坏臭氧层的主要原因。氯氟烃是一种人造化学物质，1930年由美国的杜邦公司投入生产。在第二次世界大战后，尤其是进入60年以后，开始大量使用，主要用作气溶胶、制冷剂、发泡剂、化工溶剂等。氯氟烃在高空强烈紫外线照射下，氯原子被光解释放出来。自由的氯原子从臭氧分子中夺取一个氧原子，臭氧分子失去一个氧原子后变成一个普通氧分子。而一氧化氯分子式很不稳定，空中游离的氧原子可以从一氧化氯分子中夺取氧原子而变成普通氧分子。而同时氯原子又再次游离出来，去重复上述过程，破坏第二个臭氧分子。另外，哈龙类物质、氮氧化物也会造成臭氧层的损耗。

全球臭氧层的破坏、臭氧洞的出现，给地球造成了很大影响。

（1）臭氧洞的出现影响人类健康。长期接受过量的紫外线辐射，会引起细胞中脱氧核糖核酸改变，细胞自身修复机能减弱，免疫机能减退，皮肤发生癌变。强紫外线还会诱发人体眼球晶状体浑浊，也就是产生白内障以致失明。

（2）破坏地球生态平衡。臭氧层的减薄会使动物产生白内障。在南美洲的南端已经发现许多全盲或者接近全盲的动物。例如，野生鸟类会自己飞到居民院内或房屋内，成为主人饭桌上的佳肴。人们出门都要戴上墨镜，或者打着撑阳伞，衣服遮不住的地方可以涂抹防晒油，否则半小时便会被晒红。但是野生动物没有自我保护能力且有长期在外，视力不仅易于丧失，还会随之丧失生存能力。

（3）臭氧洞的出现会带来光化学烟雾恶化近地面大气环境。高层大气中臭氧层减薄使到达地面的紫外线增强。增强的紫外线使城市中汽车尾气的氮氧化物分解，在较高气温下产生以臭氧为主要成分的光化学烟雾。美国环保局估计，如果高空臭氧层耗减25%，城市光化学烟雾频率将增加30%。

此外，过量紫外线还能加速建筑物、绘画、雕塑、橡胶制品、塑料的老化过程，降低质量、缩短寿命，尤其是在阳光强烈、高温、干燥气候下更为

防晒油

城市光化学烟雾

严重。

　　地球大气臭氧总量减少、南极臭氧洞的出现，引起了人类的重视。国际社会开始通力合作。发达国家已于1996年基本停止生产和使用消耗臭氧层的物质。到1995年止，全球消耗臭氧层物质的生产和消费已减少了近70％。此外，还有一些具体的实施方法：如爱护臭氧层的消费者购买带有"无氯氟化碳"标志的产品；爱护臭氧层的一家之主合理处理废旧冰箱和电器，在废弃电器之前，除去其中的氟氯化碳和氟氯烃制冷剂；爱护臭氧层的农民不用含甲基溴的杀虫剂，在有关部门的帮助下，选用适合的替代品，如果还没有使用甲基溴杀虫剂就不要开始使用它；爱护臭氧层的制冷维修师确保维护期间从空调、冰箱或冷柜中回收的冷却剂不会释放到大气中，做好常规检查和修理泄漏；爱护臭氧层的办公室员工鉴定公司现有设备如空调、清洗剂、灭火剂、涂改液、海绵垫中那些使用了消耗臭氧层的物质，并制定适当的计划，淘汰它们，用替换物品换掉它们；爱护臭氧层的公司替换在办公室和生产过程中所用的消耗臭氧层物质，如果生产的产品含有消耗臭氧层物质，那么应该用替代物来改变产品的成分；爱护臭氧层的教师，告诉你的学生，告诉你的家人、朋友、同事、邻居、保护环境、保护臭氧层的重要性，让大家了解哪些是消耗臭氧层物质。

 自然小百科

臭氧杀菌灯的应用

（1）点亮灯后，室内污浊空气由于臭氧和紫外线的作用而渐清洁，可以防止伤风感冒及其他种种以空气为媒介的传染病，防止肝炎、结核病的传染。适用于公共场所、交通工具车厢内、中央空调内等消毒杀菌。

（2）防臭防霉。在公共场所、卫生间内点上此灯，不但可以防臭，而且还可以杀灭苍蝇、蚊

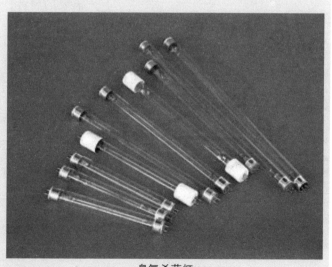

臭氧杀菌灯

子等幼虫。在阴暗潮湿的房间内，可防止物品变霉。

（3）在医院的手术室、无菌室内的应用。

（4）食品卫生除杀菌消毒外，可延缓食物变质。

（5）水消毒。可以杀灭水中的细菌，不产生永久性残余物质、不产生致癌物质，水无异味等优点。

紫外线臭氧杀菌灯点燃后，要特别注意对人的眼睛保护，不宜照射人体。另外，有的物品不宜用紫外线臭氧杀菌灯进行消毒杀菌。

噪声污染

噪声即噪音，是一类引起人烦躁、或音量过强而危害人体健康的声音。从生理学观点来看，凡是干扰人们休息、学习和工作的声音，即不

噪音污染

需要的声音，都可以称为噪声。当噪声对人及周围环境造成不良影响时，就形成噪声污染。噪声污染是环境污染的一种，它与水污染和大气污染被看成是世界范围内的三个主要环境问题。

噪声具有局部性、暂时性和多发性的特点，它给人带来的生理上和心理上的危害主要体现在以下几个方面：

（1）损伤人体听觉、视觉器官

噪声对听力的损害：噪声对人体最直接的危害是听力损伤。人们在进入强噪声环境时，会感到双耳难受，甚至会出现头痛等感觉。而离开噪声环境到安静的场所休息一段时间后，听力就会逐渐恢复到正常。但是，如果人们长期在强噪声环境下工作，听觉疲劳得不到及时恢复，内耳器官就会发生器质性病变，即形成永久性听阈偏移，又称噪声性耳聋。若人突然暴露于极其强烈的噪声环境中，听觉器官会发生急剧外伤，引起鼓膜破裂出血、迷路出血，螺旋器从基底膜急性剥离，可能使人耳完全失去听力，即出现暴震性耳聋。

噪声对视力的损害：试验表明，当噪声强度达到90分贝时，人的视觉细胞敏感性下降，识别弱光反应时间延长；噪声达到95分贝时，有40%的人瞳孔放大，视模糊；而噪声达到115贝时，多数人的眼球对光亮度的适应都有不同程度的减弱。所以长时间处于噪声环境中的人很容易发生眼疲劳、

噪声污染影响睡眠

眼痛、眼花和视物流泪等眼损伤现象。同时，噪声还会使色觉、视野发生异常。调查发现，噪声对红、蓝、白三色视野缩小80%。

（2）干扰人们的休息和睡眠、影响工作效率

干扰休息和睡眠：噪声还在很大程度上影响人的睡眠。休息和睡眠

失　眠

是人们消除疲劳、恢复体力和维持健康的必要条件。噪声会导致多梦、易惊醒、睡眠质量下降等问题，突然的噪声对睡眠的影响更为突出。当人辗转不能入睡时，便会心态紧张、呼吸急促、脉搏跳动加剧、大脑兴奋不止。第二天就会感到疲倦，或四肢无力。从而影响到工作和学习，久而久之，就会得神经衰弱症，表现为失眠、耳鸣、疲劳。

　　工作效率降低：噪声会干扰人的谈话、工作和学习。据统计，噪声会使劳动生产率降低10%～50%，随着噪声的增加，人们的差错率会上升。由此可见，噪声会分散人的注意力，导致人反应迟钝、容易疲劳、工作效率下降、差错率上升。噪声还会掩蔽安全信号，如报警信号和车辆行驶信号等，以致造成事故。

　　（3）对人体的生理影响

　　噪声是一种恶性刺激物，长期作用于人的中枢神经系统，可使大脑皮层的兴奋和抑制失调，条件反射异常，出现头晕、头痛、耳鸣、多梦等症状，严重者可产生精神错乱。噪声还可引起植物神经系统功能紊乱，表现在血压升高或降低，心率改变，心脏病加剧。噪声也会对人的内分泌机能产生影响，如：导致女性性机能紊乱、月经失调、流产率增加等。此外，噪声还对动物、建筑物有损害，在噪声下的植物也生长不好，有的甚至死亡。

损害心血管：噪声会加速心脏衰老，增加心肌梗塞发病率。医学专家经人体和动物实验证明，长期接触噪声可使体内肾上腺分泌增加，从而使血压上升，在平均70分贝的噪声中长期生活的人，可使其心肌梗塞发病率增加30%左右，特别是夜间噪音会使发病率更高。

对女性生理机能的损害：女性受噪声的威胁，还可以有月经不调、流产及早产等，如导致女性性机能紊乱，月经失调，流产率增加等。另外，噪声还可导致孕妇流产、早产，甚至可致畸胎。

噪声还可以引起如神经系统功能紊乱、精神障碍、内分泌紊乱甚至事故率升高。高噪声的工作环境，可使人出现头晕、头痛、失眠、多梦、全身乏力、记忆力减退以及恐惧、易怒、自卑甚至精神错乱。

对于噪音的控制，主要有以下几个方面的内容：（1）控制噪声源：降低声源噪音，工业、交通运输业可以选用低噪音的生产设备和改进生产工艺，或者改变噪音源的运动方式（如用阻尼、隔振等措施降低固体发声体的振动）。（2）阻断噪声传播：在传音途径上降低噪音，控制噪音的传播，改变声源已经发出的噪音

防噪声耳罩

传播途径，如采用吸音、隔音、音屏障、隔振等措施，以及合理规划城市和建筑布局等。（3）在人耳处减弱噪声：受音者或受音器官的噪音防护，在声源和传播途径上无法采取措施，或采取的声学措施仍不能达到预期效果时，就需要对受音者或受音器官采取防护措施，如长期职业性噪音暴露的工人可以戴耳塞、耳罩或头盔等护耳器。

嘈杂的交通

虽然说噪音控制在技术上已经成熟，但由于现代工业、交通运输业规模的扩大，要采取噪音控制的企业和场所非常的多，因此在防止噪音问题上，必须从技术、经济和效果等方面进行综合权衡。此外，对于噪音的控制还需具体问题具体分析。控制室外、设计室、车间或职工长期工作的地方，噪音的强度要低；库房或少有人去车间或空旷的地方，噪音可以稍高一些。总之，对于不同时间、不同地点、不同性质与不同持续时间的噪音，应当区别对待。

自然小百科

噪声的利用

利用噪声除草：不同的植物对不同的噪声敏感程度不一样。根据这个道理，人们制造出噪声除草器。这种噪声除草器发出的噪声能使杂草的种子提前萌发，这样就可以在作物生长之前用药物除掉杂草，保证作物的顺利生长。

利用噪声发电：科学发现，人造铌酸锂具有在高频高温下将声能转变成电能的特殊功能。科学家还发现，当声波遇到屏障时，声能会转化为电能，根据这一原理，科学家设计制造了鼓膜式声波接收器，将接收器与能够增大声能、集聚能量的共鸣器连接，当从共鸣器来的声能作用于声电转换器时，就能发出电来。

利用噪声来制冷：目前世界上正在开发一种新的制冷技术，即利用微弱的声振动来制冷的新技术，第一台样机已在美国试制成功。

利用噪声除尘：美国科研人员研制出一种功率为2千瓦的除尘报警器，它能发出频率2000赫兹的噪声，这种装置可以用于烟囱除尘、控制高温、高压、高腐蚀环境中的尘粒和大气污染。

利用噪声克敌：利用噪音还可以制服顽敌，目前已研制出一种"噪音弹"，能在爆炸间释放出大量噪音

音 波

波，麻痹人的中枢神经系统，使人暂时昏迷，该弹可用于对付恐怖分子，特别是劫机犯等。

  # 放射性污染

放射性元素的原子核在衰变过程放出 α、β、γ射线的现象，俗称放射性。由放射性物质所造成的污染，叫放射性污染。

放射性污染的来源主要有以下四种：

原子能工业排放的废物：原子能工业排放的废物指的是放射性废弃物产生和废水、废气的排放。这些放射性"三废"都有可能造成污染，由于原子能工业生产过程的操作运行都采取了相应的安全防护措施，"三废"排放也受到严格控制，所以对环境的污染并不十分严重。但是，当原子能工厂发生意外事故，其污染就相当严重了。

核武器试验的沉降物：在进行大气层、地面或地下核试验时，排入大气中的放射性物质与大气中的飘尘相结合，由于重力作用或雨雪的冲刷而沉降于地球表面，这些物

核武器

质被称为放射性沉降物或放射性粉尘。放射性沉降物播散的范围很大，往往可以沉降到整个地球表面，而且沉降很慢，一般需要几个月甚至几年才能落到大气对流层或地面。

医疗放射性：在医疗检查和诊断过程中，患者身体会受到一定剂量的放射性照射。例如，进行一次肺部X光透视，约接受$(4 \sim 20) \times 0.0001SV$的剂量，进行一次胃部透视，约接受$0.015 \sim 0.03SV$的剂量。

科研放射性：在科研工作中，放射性物质的应用十分广泛。除了原子能利用的研究单位外，金属冶炼、自动控制、生物工程、计量等研究部门、几乎都有涉及放射性方面的课题和试验。在这些研究工作中，都有可能造成放射性污染。

放射性物质对人体的危害是很大的，受到较大剂量的放射性辐射后经一定的潜伏期会出现各种组织肿瘤或白血病。辐射线会破坏机体的非特异性免疫机制，降低机体的防御能力，易并发感染、缩短寿命。

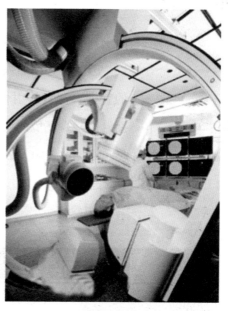

放射医疗设备

放射性损伤有急性损伤和慢性损伤。如果人在短时间内受到大剂量的X射线、Y射线和中子的全身照射，就会产生急性损伤。轻者有脱毛、感染等症状，当剂量更大时，会出现腹泻、呕吐等肠胃损伤。在极高的剂量照射下，还会发生中枢神经损伤至直死亡。

中枢神经症状主要有无力、怠倦、无欲、虚脱、昏睡等，严重时全身肌肉震颤而引起癫痫样痉挛。细胞分裂旺盛的小肠对电离辐射的敏感性很高，如果受到照射，上皮细胞分裂受到抑制，很快会引起淋巴组织破坏。

放射能引起淋巴细胞染色体的变化。在染色体异常中，用双着丝粒体和着丝立体环估计放射剂量。放射照射后的慢性损伤会导致人群白血病和各种癌症的发病率增加。

此外，放射性辐射还有致畸、致突变作用，在妊娠期间受到照射极易使胚胎死亡或形成畸胎。

因此，必须加强对各种放射性"三废"的治理与排放的管理，制订放射性防护标准，加强对放射性物质的监测，以减少环境的放射性污染。此外还应加强个人防护，尽量远离放射源，必要时穿防护服。

核辐射防护服

基因污染

基因污染指对原生物种基因库非预期或不受控制的基因流动。外源基因通过转基因作物或家养动物扩散到其他栽培作物或自然野生物种并成为后者基因的一部分，在环境生物学中我们称为基因污染。基因污染主要是由基因重组引起的。基因污染的形成和提出具有极深远的意义，它反映了人类对环境的预警意识。

　　基因工程的飞速发展，不但为人类创造了巨大的利益，同时也埋下了无穷的隐患。在基因技术的生物安全性并未彻底解决的同时，由于人类的急功近利，基因污染极易发生。事实上，到21世纪初，基因污染已经在世界许多国家和地区发生，并且有进一步蔓延的趋势。从美国的"星联玉米事件"、加拿大的"转基因油菜超级杂草"，再到墨西哥的"玉米基因污染事件"，越来越多的事实表明基因污染的威胁不容忽视。

　　基因污染可能在以下情况发生：附近生长的野生相关植物被转基因作物授粉；邻近农田的非转基因作物被转基因作物授粉；转基因作物在自然条件下存活并发育成为野生的、杂草化的转基因植物；土壤微生物或动物肠道微生物吸收转基因作物后获得外源基因。与其他形式的环境污染不同，植物和微生物的生长和繁殖可能使基因污染成为一种蔓延性的灾难，而更为可怕的是，基因污染是不可逆转的。

　　基因污染的防控：基因是一切生命的基本组成部分，是生命的基本特征。生物繁殖的本质就是基因的复制。基因污染是在天然的生物物种基因中掺进了人工

基因污染

重组的基因。这些外来的基因可随被污染的生物的繁殖而得到增殖，再随被污染生物的传播而发生扩散。因此，基因污染是唯一一种可以不断增值和

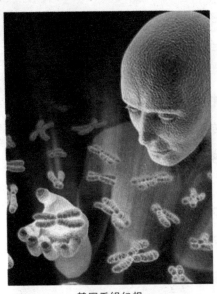

基因重组幻想

扩散的污染，而且无法清除。这是一种非常特殊又非常危险的环境污染。

第一，坚持谨慎原则。不能再重蹈滴滴涕(DDT)的覆辙。滴滴涕杀虫剂曾获诺贝尔奖，但50年后人们才发现其对人类及生态环境造成了无法挽回的巨大伤害。因此，要把基因工程的发展速度降下来，着重提高其质量，将基础工作和研究做扎实，在确实弄清不会对自然环境和人类造成不利影响后再稳步推广。

第二，建立健全相关法律法规并严格执行。例如，中国1993年就由原国家科委发布了《基因工程安全管理办法》。1996年农业部发布了《农业生物基因工程安全管理实施办法》。2001年5月23日，中国国务院公布了《农业转基因生物安全管理条例》，自公布之日起施行。2002年1月5日，农业部公布了《农业转基因生物安全评价管理办法》《农业转基因生物进口安全管理办法》《农业转基因生物标识管理办法》《农业转基因生物加工审批办法》四个配套文件。

第三，完善对基因工程技术应用的审批制度。要求技术在投入应用前必须经过微生物实验、动植物实验、人体试验和环境实验,并经过鉴定。应防止技术滥用及为牟利而轻率地将之产业化、商业化。到2006年止，已有一些国家政府明确规定，禁止制作和出售含任何抗生素抗性基因的基因工程作物。

第四，大力开展科普教育。生物安全意识的匮乏，是发生基因污染的最大隐患。因此，应开展科普教育，使广大人民对基因工程相关常识有充分的了解。2006年3月，绿色和平组织整理了世界自然基金会的报告，出版了《如何避免基因改造食物指南》，囊括了238种日常加工食品。

第五，实施转基因食品标签制度。联合国规定：出于对健康和环境的关注，任何国家有权限制转基因食品的进口。转基因商品在装运中，应该贴有标签，注明其中"可能含有被修改过的基因体"。国际消费者协会认为，虽然还不能证明转基因食品一定不安全，但基于预防原则，应该设立标识制度，对转基因生物进行标识，让消费者可以选择。欧盟从1998年就规定：食品零售商必须在标签上标明其中是否含有转基因成分。只有贯彻知情同意、知情选择的原则，由消费者自主决定并自愿承担后果，才能体现对人格和个人自主权的尊重。

转基因蔬菜

 环境激素污染

环境激素是指由于人类的生产和生活活动而释放到环境中的、影响

人和动物内分泌系统的化学物质，具有类似雌激素的作用，学术上称之为"外源性内分泌干扰物"。近年来，环境激素的污染问题已引起人们的高度重视。同温室效应、臭氧层破坏、地球变暖以及厄尔尼诺现象等问题一样，它正严重地威胁着全球环境和人类健康。

　　环境激素包括有机化合物：苯并芘、双酚A（2,2-双酚基丙烷）、二苯酮、邻苯二甲酸酯、苯乙烯、二噁英等；杀真菌剂：苯菌灵（苯莱特）、六氯（化）苯、代森锰锌等；杀虫剂：β-六氯化苯（β-六六六）、甲萘威（西威因）、氯丹（八氯）等；除草剂：甲草胺（杂草索、澳特拉索）、杀草强（氨三唑）、阿特拉津（莠去津）等；杀线虫剂：氯丙烷、涕灭威（丁醛肟威）等；金属：镉、铅、汞等；天然和合成的激素药物：雌三醇、雌酮、己烯雌酚等；植物性激素：豆科植物及白菜、芹菜等植物的植物性激素。以上环境激素主要用于生产染料、香料、涂料、农药、合成洗涤剂、塑料及助剂、激素药物、

工厂污水

农　药

食品添加剂、化妆品等。

环境激素虽然繁杂，但对生物和人类的侵害主要通过三种直接的途径：空气侵入、水源侵入和食物侵入。

空气中的环境激素：（1）焚烧垃圾废物产生的二噁英类物质；（2）化学产品生产过程中某些物质的泄漏；（3）建筑材料、家具、日用品中污染成分（甲醛、增塑剂、防腐剂、杀虫剂、除污剂、洗涤剂等）的挥发。

巨人症

水源中的环境激素：（1）降水（降水使散发在空气中的环境激素类化学物质流向大地，进入各种水系）；（2）工厂排出的污水，垃圾填埋场的渗滤液的渗出，医院医务用水的排放；（3）防止自来水管生锈的保护膜，塑料水管的添加剂。

食品中的环境激素：（1）蔬菜、水果、谷物生产中使用的农药，人工养殖鱼类、禽畜使用的生长激素；（2）食品包装(塑料薄膜、涂了防锈树脂的罐头等)中的环境激素；（3）食品加工过程中的各种添加剂。

环境激素对人体有着极大的影响，主要包括在以下几个方面：

对体形的影响：激素对人体形态的塑成起着至关重要的作用。环境激素的存在，可能会干扰人体内生长激素等各种激素的分泌，导致"巨人"或者"袖珍女孩"出现。大量食用含有环境激素类物质的鱼肉后，还会引起肥胖。

对生殖系统的影响：导致孩子早熟。近年来，儿童月经初潮、胸部发育等性发育异常病例逐年增加。这种内分泌失调的情况与孕妇在怀孕期间以及儿童成长过程中所吃的食物有密切关系，如肉类、鱼类、各种保健品及某些蔬菜。

要求变性的人增多：要求变性的人，有一部分是两性畸形，即发生在人身上的雌雄同体现象。男女性别之差，除了染色体的作用，环境激素也是不可缺少的重要角色。

六胞胎

多胎现象的出现：双胞胎、三胞胎、四胞胎、五胞胎、六胞胎、七胞胎的生育奇迹都已出现。除了遗传因素，利用药物促排卵是多胎增多的主要原因之一。

男性精子数量减少、质量降低：我国专家发现，1984至1996年，男子每次射精的精子总数减少近1/3，精子密度下降了27%。若照此下去，今后不能产生足够精子的男性会越来越多，加之精子运动能力降低、畸形增多，人类繁衍后代的能力也将越来越差。

对胎儿的影响：胎儿在母体内受到环境激素影响之后，胎儿发育及一生中可能会出现畸形、低能等各种异常现象，如男性的尿道下裂、睾丸停止发育、小阴茎、精子数量减少等，女性的子宫内膜异位症、乳腺癌以及智能低下、多动、学习障碍等。

　　环境激素无处不在，要彻底杜绝它几乎不可能。人类只有尽量减少向环境中释放环境激素等有害化学物质，加强对人工合成化学物质从生产到应用的管理，停用或替代目前正在使用的包括杀虫剂、塑料添加剂等在内的环境激素。

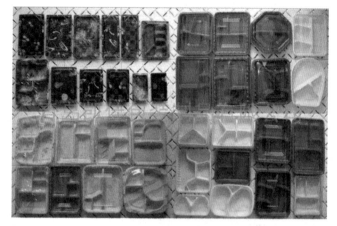

一次性饭盒

　　（1）尽量减少使用一次性用品。如一次性饭盒、一次性卫生用品、一次性婴儿尿布等，因为垃圾（尤其是废旧塑料制品垃圾）焚烧能产生大量二噁英，释放大量环境激素，所以应尽可能减少使用。

　　（2）在日常生活中尽量使用布袋。塑料袋不仅增加垃圾数量、占用耕地、污染土壤和地下水，更为严重的是它在自然界中上百年不能降解，若进行焚烧，又会产生二噁英等有毒气体。

　　（3）选用大瓶、大袋包装的食品。商品的过分包装，加重了自然界的生态负担和消费者的经济负担。据统计，在工业化国家，包装废弃物几乎占家庭垃圾的一半。在日常生活中选用大瓶、大袋包装的食品，可减少包装的浪费和对环境的污染。

　　（4）不用聚氯乙烯塑料容器在微波炉中加热。因为聚氯乙烯塑料制品中添加的增塑剂邻苯二甲酸酯类化合物是一种环境激素，而它可能在高温中渗出。

（5）不用不合格的塑料奶瓶。在聚碳酸酯制成的奶瓶中倒入开水后，双酚会溶出。

（6）不用泡沫塑料容器泡方便面。方便面容器90%以上采用聚苯乙烯泡沫塑料，而原料苯乙烯是一种致癌的环境激素类物质。在这类容器中倒入开水后，苯乙烯会溶出。

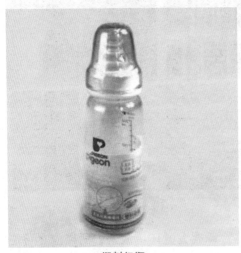

塑料奶瓶

（7）多用肥皂，少用洗涤剂。肥皂是天然原料脂肪加上碱制成的，使用后排放出去，很快就可由微生物分解。而洗涤剂成分复杂，多含有各种苯酚类有机物，是重要的激素来源，它的使用尤其是含磷洗涤剂的使用，极易造成水体富营养化。

（8）少用室内杀虫剂。杀虫剂是环境激素的一种，它因毒性、高残留性在生物圈中循环，破坏生态平衡，损害人的神经系统，诱发多种病变，是人类健康的重大隐患。特别是在密闭的室内，杀虫剂会富集和残留，浓度越来越大，严重损害居住者的健康。

（9）简化房屋装修。装修房屋不仅浪费大量资源，而且

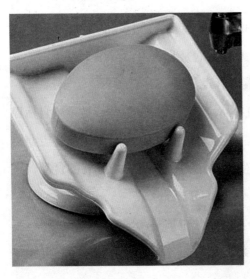

肥 皂

还会为健康带来隐患。氡气存在于建筑材料中，可诱发肺癌。石棉是强致癌物质，存在于耐火材料、绝缘材料、水泥制品中。家具黏合剂中的甲醛可引起皮肤过敏，刺激眼睛和呼吸道，并具有致癌和致畸作用。苯等挥发性有机物存在于装修材料、油漆和有机溶剂中，多具有较大的刺激性和毒性，能引起头痛、过敏、肝脏受损。甲醛、苯等物质可释放环境激素，危害人体健康。

（10）回收废旧电池。电池中含有镉、铅、锌、汞等，电池腐烂后，有毒金属渗入土壤、水体中，通过食物链进入植物、动物，最后进入人体内，可导致严重的疾病。为防治电池对环境的污染，请将电池收集到一起，到一定数量后，送到指定地点统一处理，以减少对环境的危害。

油　漆

废旧电池

（11）减少农药的用量。农药作为环境激素的重要物质，在植物体内富集或残留于植物表面，通过植物、昆虫、鱼类及气－水流通的作用，转化和富集。一方面，害虫产生了抗药性，使农药的需求量日益增加；

农 药

被污染的鱼

另一方面，益虫、益鸟被杀，生态失衡，造成新的更多的虫害。此外，农药还可通过各种渠道进入人体，引起慢性中毒，有些农药甚至还有遗传毒性。因此，我们应尽量减少农药的使用，同时推广高效低毒、对环境影响小的新型农药。

（12）避免食用近海鱼。海水中含有各类化学物质，尤其是近海受到有害物质污染的概率更大。随着食物链浓缩、富集和放大，人食用近海鱼后，受到环境激素污染的概率也会增大。

（13）消费肉类要适度。禽畜的饲料中含有大量激素类物质，不要过度食用禽畜肉。

（14）多食用谷物和黄绿叶菜。据研究，多食用谷物和黄绿叶菜，如糙米、小米、黄米、荞麦、菠菜、萝卜、白菜等，有利于化学毒物从体内排出。此外，饮茶也有助于将体内的环境激素排出体外。

第四章

海洋灾害

海洋自然环境发生异常或激烈变化，导致在海上或海岸发生的灾害称为海洋灾害。海洋灾害主要指风暴潮灾害、海浪灾害、海冰灾害、海雾灾害、飓风灾害、地震海啸灾害及赤潮、海水入侵、溢油灾害等突发性的自然灾害。

风暴潮灾害

大气的强烈扰动，如热带气旋、温带气旋等；海洋水体本身的扰动或状态骤变；海底地震、火山爆发及其伴生之海底滑坡、地裂缝等都会引发海洋灾害。海洋自然灾害不仅威胁海上及海岸，有些还危及沿岸城乡经济和人民生命财产的安全。不仅如此，海洋灾害还会在受灾地区引起许多次生灾害和衍生灾害。如：风暴潮会引起海岸侵蚀、土地盐碱化；海洋污染会引起生物毒素灾害等。

海洋是全球自然灾害最主要的源泉，世界上很多国家的自然灾害受海洋影响都很严重。比如仅形成于热带海洋上的台风引发的暴雨洪水、风暴潮、风暴巨浪，以及台风本身的大风灾害，就造成了全球自然灾害生命损失的60%。还有台风，每年造成上百亿美元的经济损失，约为全部自然灾害经济损失的1/3。在这一章里，我们就来一起谈一下具有代表性的海洋灾害。

海　啸

当地震发生于海底，因震波的动力而引起海水剧烈的起伏，形成强大的波浪，向前推进并将沿海地带——淹没的灾害，称之为海啸。海啸是一种具有强大破坏力的海浪。目前，人类对地震、火山、海啸等突如其来的灾变，只能通过观察、预测来预防或减少它们所造成的损失，但还不能阻止它们的发生。

海　啸

海啸通常由震源在海底下50千米以内、里氏地震规模6.5以上的海底地震引起。海啸波长比海洋的最大深度还要大，在海底附近传播也没受多大阻滞，不管海洋深度如何，波都可以传播过去，海啸在海洋的传播速度大约每小时500~1000千米，而相邻两个浪头的距离也可能远达500到650千米，当海啸波进入大陆架后，由于深度变浅，波高突然增大，它的这种波浪运动所卷起的海涛，波高可达数十米，并形成"水墙"。由地震引起的波动与海面上的海浪不同，一般海浪只在一定深度的水层波动，而地震所引起的水体波动是从海面到海底整个水层的起伏。此外，海底火山爆发，土崩及人为的水底核爆也能造成海啸。此外，陨石撞击也会造成海啸，"水墙"可达百尺。而且陨石造成的海啸在任何水域也有机会发生，不一定在地震带。不过陨石造成的海啸可能一千年才会发生一次。

海啸可分为4种类型，即由气象变化引起的风暴潮、火山爆发引起的火山海啸、海底滑坡引起的滑坡海啸和海底地震引起的地震海啸。其中，地震海啸是海底发生地震时，海底地形急剧升降变动所引起的海水强烈扰动。其机制有"下降型"海啸和"隆起型"海啸两种形式。"下降型"海啸是某些构造地震引起海底地壳大范围的急剧下降，海水首先向突然错动下陷的空间涌去，并在其上方出现海水大规模积聚，当涌进的海水在海底遇到阻力后，即翻回海

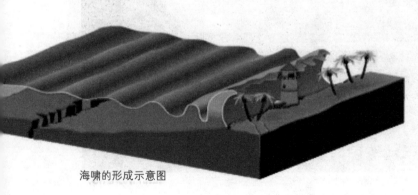

海啸的形成示意图

面产生压缩波，形成长波大浪，并向四周传播与扩散。这种下降型的海底地壳运动形成的海啸在海岸首先表现为异常的退潮现象，例如1960年的智利地震海啸。"隆起型"海啸是某些构造地震引起海底地壳大范围的急剧上升，海水也随着隆起区一起抬升，并在隆起区域上方出现大规模的海水积聚，在重力作用下，海水必须保持一个等势面以达到相对平衡，于是海水从波源区向四周扩散，形成汹涌巨浪。这种隆起型的海底地壳运动形成的海啸波在海岸首先表现为异常的涨潮现象，例如1983年5月26日，中日本海7.7级地震引起的海啸。

海啸中如何逃生：

（1）地震是海啸最明显的前兆。如果你感觉到较强的震动，不要靠近海边、江河的入海口。如果听到有关附近地震的报告，要做好预防海啸的准备，注意电视和广播新闻。要记住，海啸有时会在地震发生几小时后到达离震源上千千米远的地方。

（2）海上船只听到海啸预警后应该避免返回港湾，海啸在海港中造成的落差和湍流非常危险。如果有足够时间，船主应该在海啸到来前把船开到开阔海面。如果没有时间开出海港，所有人都要撤离停泊在海港里的船只。

海啸破坏的船只

（3）海啸登陆时海水往往明显升高或降低，如果你看到海面后退速度异常快，立刻撤离到内陆地势较高的地方。

（4）每个人都应该有一个急救包，里面应该有足够72小时用的药物、饮用水和其他必需品。这一点适用于海啸、地震和一切突发灾害。

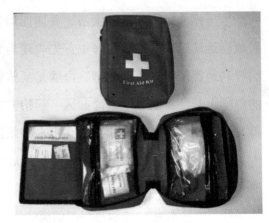

百余年来最大的几次海啸

1883年，印尼喀拉喀托火山爆发，引发海啸，使印尼苏门答腊和爪哇岛受灾，3.6万人死亡。

1896年，日本发生7.6级地震，地震引发的海啸造成2万多人死亡。

1906年，哥伦比亚附近海域发生地震，海啸使哥伦比亚、厄瓜多尔一些城市受灾。

1960年，临近智利中南部的太平洋海底发生9.5级地震（有始以来最强烈的地震），并引发历史上最大的海啸，波及整个太平洋沿岸国家，造成数万人死亡，就连远在太平洋东边的日本和俄罗斯也有数百人遇难。

1992年至1993年，太平洋发生3次海啸，共2500多人丧生。

台　风

台风是产生于热带洋面上的一种强烈热带气旋。只是随着发生地点不同，叫法不同。在北太平洋西部、国际日期变更线以西，包括南中国海范围内发生的热带气旋称为"台风"；而在大西洋或北太平洋东部的热带气旋则称"飓风"。也就是说，台风在欧洲、北美一带称"飓风"，在东亚、东南亚一带称为"台风"；在孟加拉湾地区被称作"气旋性风暴"；在南半球则称"气旋"。

台风经过时常伴随着大风和暴雨或特大暴雨等强对流天气。风向在

台　风

北半球地区呈逆时针方向旋转（在南半球则为顺时针方向）。在气象图上，台风的等压线和等温线近似为一组同心圆。中心气压、气温均达到最低值，天气条件极为恶劣，但台风眼附近通常是风平浪静。有史以来强度最高、中心附近气压值最低的台风，是超强台风泰培（TIP）。

台风是一个巨大的空气漩涡。它的直径从几百千米到一千多千米，高度可

台风形状

达15～20千米，个别的甚至伸展到27千米。台风中心有一个直径约为10千米的空心管状区，气象学上称为"台风眼区"。台风眼内盛行下沉气流，多半是风和日丽的好天气。从台风眼向外，四周就是巨大而浓厚云墙，这是狂风暴雨最厉害的地方。

台风移动时，就像陀螺那样急速旋转着前进。它行走的路线总是弯弯曲曲的，但每年几乎都遵循比较固定的路线移动。台风的风速很大，最大风速一般为每秒40～60米，个别强台风的最大风速可达到每秒110米。一次台风过程，降雨量一般达200～300毫米，有时甚至可达1000多毫米。因此，台风经过的地方常常会引起洪涝灾害。

台风移动的方向和速度取决于作用于台风的动力。台风的动力分内力和外力两种。内力是台风范围内因南北纬度差距所造成的地转偏向力

差异引起的向北和向西的合力，台风范围愈大，风速愈强，内力愈大。外力是台风外围环境流场对台风涡旋的作用力，即北半球副热带高压南侧基本气流东风带的引导力。内力主要在台风初生成时起作用，外力则是操纵台风移动的主导作用力，因而台风基本上自东向西移动。由于副高的形状、位置、强度变化以及其他因素的影响，导致台风移动路径并非规律一致而变得多种多样。以北太平洋西部地区台风移动路径为例，其移动路径大体有三条：

西进型：台风自菲律宾以东一直向西移动，经过南海最后在中国海南岛、广西或越南北部地区登陆，这种路线多发生在10～11月。

登陆型：台风向西北方向移动，先在台湾岛登陆，然后穿过台湾海峡，在中国广东、福建、浙江沿海再次登陆，并逐渐减弱为热带低压。这类台风对中国的影响最大。

抛物线型：台风先向西北方向移动，当接近中国东部沿海地区时，不登陆而转向东北，向日本附近转去，路径呈抛物线形状，这种路径多发生在5～6月和9～11月。最终大多变性为温带气旋。

台风形成后，一般会移出源地并经过发展、成熟、减弱和消亡的演变过程。一个发展成熟的台风，气旋半径一般为500～1000千米，高度可达15～20千米，台风由外围区、最大风速区和台风眼三部分组成。外围区的风速从外向内增加，有螺旋状云带和阵性降水；最强烈的降水

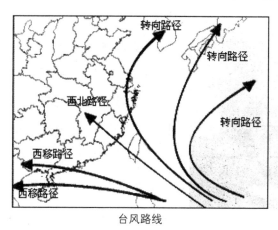

台风路线

产生在最大风速区，平均宽8～19千米，它与台风眼之间有环形云墙；台风眼位于台风中心区，呈圆形或椭圆形，直径约10～70千米不等，平均约45千米。台风眼区的风速、气压均为最低，天气表现为无风、少云和干暖。随着台风的加强，台风眼会逐渐缩小、变圆。而弱台风、以及发展初期的台风，在卫星云图上常无台风眼（但是有时会出现低空台风眼）。

台风是一种破坏力很强的灾害性天气系统，但有时也能起到消除干旱的有益作用。其危害性主要有三个方面：

大风。台风中心附近最大风力一般为8级以上。

暴雨。台风是最强的暴雨天气系统之一，在台风经过的地区，一般

暴　雨

能产生150～300毫米降雨，少数台风能产生1000毫米以上的特大暴雨。1975年第3号台风在淮河上游产生的特大暴雨，创造了中国大陆地区暴雨极值，形成了河南"75.8"大洪水。

台风引起的风暴潮

风暴潮。一般台风能使沿岸海水产生增水，江苏省沿海最大增水可达3米。"9608"和"9711"号台风增水，使江苏省沿江沿海出现超历史记录的高潮位。

台风除了给登陆地区带来暴风雨等严重灾害外，也有一定的好处。据统计，包括我国在内的东南亚各国和美国，台风降雨量约占这些地区总降雨量的1/4以上。因此，如果没有台风，这些国家的农业困境不堪想象。此外，台风对于调剂地球热量、维持热平衡更是功不可没。众所周知，热带地区由于接收的太阳辐射热量最多，因此气候也最为炎热，而寒带地区正好相反。由于台风的活动，热带地区的热量被驱散到高纬度地区，从而使寒带地区的热量得到补偿，如果没有台风就会造成热带地区气候越来越炎热，而寒带地区越来越寒冷，地球上的温带也就不复存在了，众多的植物和动物也会因难以适应而将出现灭绝，那将是一种非常可怕的情景。

我国也是一个台风灾害严重的国家。我国华南地区受台风影响最为频繁，其中广东、海南最为严重，有的年份登陆以上两省的台风可多达14个。此外，台湾、福建、浙江、上海、江苏等也是受台风影响较频繁的省市。有些台风从我国沿海登陆后还会深入到内陆。在西太平洋沿岸国家中，登陆我国的台风平均每年有7个左右，占这一地区登陆台风总数的35%。1996年，9608号台风

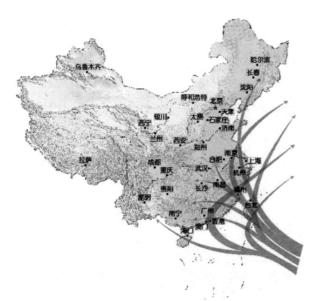

台风灾害对中国的影响范围示意图

先后在台湾基隆和福建福清登陆，10多个省市受灾农作物5400多万亩，死亡700多人；1997年，9711号台风先后在浙江温岭和辽宁锦州登陆，10多个省市受灾农作物面积1亿多亩，死亡240人；2001年广西连受"榴莲""尤特"两个台风袭击，出现大范围暴雨或大暴雨，全区48个县市区上千万人受灾，40多万人一度被洪水围困。

卫星云图

因此，加强台风的监测和预报，是减轻台风灾害的重要的措施。对台风的探测主要是利用气象卫星。在卫星云图上，能清晰地看见台风的存在和大小。利用气象卫星资料，可以确定台风中心的位置、估计台风强度、监测台风移动方向和速度以及狂风暴雨出现的地区等，对防止和减轻台风灾害起着关键作用。当台风到达近海时，还可用雷达监测台风动向。建立城市的预警系统，提高应急能力，建立应急响应机制。还有气象台的预报员，根据所得到的各种资料，分析台风的动向，登陆的地点和时间，及时发布台风预报、台风紧报或紧急警报，通过电视、广播等媒介为公众服务，让沿海渔船及时避风回港，同时为各级政府提供决策依据，发布台风预报或紧报是减轻台风灾害的重要措施。

自然小百科

我国的重大台风灾害

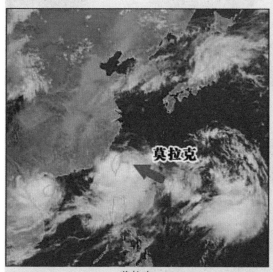

莫拉克

黑格比

2009年，台风"莫拉克"造成台湾、大陆500多人死亡，近200人失踪。

2008年，第14号强台风"黑格比"，造成菲律宾、中国华南、越南共127人死亡。

2008年，第8号强台风"凤凰"，造成台湾、安徽、江苏至少13人死亡。

2008年，第6号台风"风神"，造成广东、湖南、江西至少30人死亡。

2008年，第1号台风"浣熊"，建国以来第一个4月登陆我国的台风，造成华南历史上4月最为严重的洪涝灾害，降水破历史

上4月记录。

2007年，第9号超强台风"圣帕"，造成东南沿海至少39人死亡，经济损失较大。

2006年，4号强热带风暴"碧利斯"，在菲律宾、台湾、中国东南部总共造成672人死亡以及44亿美元的损失。

2006年，8号超强台风"桑美"，在马利安那群岛、菲律宾、中国东南沿海以及台湾省总共造成458人死亡以及25亿美元的经济损失。

碧利斯路线图

台风桑美

2005年，19号超强台风"龙王"，给我国台湾、福建、广东、江西等地造成大风大雨，并造成一定人员伤亡。

2004年，14号强台风"云娜"，"云娜"台风登陆中国东南沿海。造成164人死亡，24人失踪，直接经济损失达181.28亿元。

2003年，13号强台风"杜鹃"，先后3次登陆广东，给我国华南地区造成重大灾害和财产损失。造成38人死亡。损失达20亿元。

2001年，2号台风"飞燕"，在台湾海峡北上突袭福建中北部，官方死亡数字为122人，实际死亡人数可能远远不止这些。

海　冰

海冰指直接由海水冻结而成的咸水冰，广义的海冰还包括在海洋中的河冰、冰山等。最初形成的海冰是针状的或薄片状的，随后聚集和凝结，并在风力、海流、海浪和潮汐的作用下，互相堆叠而成重叠冰和堆积冰。一般情况下，海冰都浮于海面，形状规则的海冰露出水面的高度为总厚度的1/7~1/10，尖顶冰露出的高度达总厚度的1/4~1/3。反

海　冰

射率为0.50~0.70，抗压强度约为淡水冰的3／4。

海冰其按形成和发展阶段可分为：初生冰、尼罗冰、饼冰、初期冰、一年冰和多年冰。初生冰最初形成的海冰，都是针状或薄片状的细小冰晶。大量冰晶凝结，聚集形成粘糊状或海绵状冰，在温度接近冰点的海面上降雪，可不融化而直接形成粘糊状冰。在波动的海面上，结冰过程比较缓慢，但形成的冰比较坚韧，冻结成所谓莲叶冰。

海　冰

尼罗冰初生冰继续增长，冻结成厚度10厘米左右有弹性的薄冰层，在外力的作用下，易弯曲，易被折碎成长方形冰块。一年冰由初期冰发展而成的厚冰，厚度为30厘米至3米，时间不超过一个冬季。老年冰至少经过一个夏季而未融化的冰，其特征是表面比一年冰平滑。

海冰按运动状态可分为固定冰和浮（流）冰。固定冰是与海岸、岛屿或海底冻结在一起的冰。当潮位变化时，能随之发生升降运动。多分布于沿岸或岛屿附近，其宽度可从海岸向外延

浮　冰

冰　山

伸数米甚至数百千米。海面以上高于2米的固定冰称为冰架；而附在海岸上狭窄的固定冰带，不能随潮汐升降，是固定冰流走的残留部分，称为冰脚。搁浅冰也是固定冰的一种。流（浮）冰是自由浮在海面上，能随风、流漂移的冰。它可由大小不一、厚度各异的冰块形成，但由大陆冰川或冰架断裂后滑入海洋且高出海面5米以上的巨大冰体——冰山，不在其列。

　　海冰是极地和高纬度海域所特有的海洋灾害。在北半球，海冰所在的范围具有显著的季节变化，以3～4月份最大，此后便开始缩小，到8～9月份最小。北冰洋几乎终年被冰覆盖，冬季（2月）约覆盖洋面的84%。夏季（9月）覆盖率也有54%。因北冰洋四周被大陆包围着，流冰受到陆地的阻挡，容易叠加拥挤在一起，形成冰丘和冰脊。在北极海域里，冰丘约占40%。南极洲是世界上最大的天然冰库，全球冰雪总量的

90%以上储藏在这里。南极洲附近的冰山，是南极大陆周围的冰川断裂入海而成的。出现在南半球水域里的冰山，要比北半球出现的冰山大得多，长宽往往有几百千米，高几百米，犹如一座冰岛。

海冰

海水结冰需要三个条件：气温比水温低，水中的热量大量散失；相对于水开始结冰时的温度（冰点），已有少量的过冷却现象；水中有悬浮微粒、雪花等杂质凝结核。淡水在4℃左右密度最大，水温降到0℃以下即可结冰。海水中含有较多的盐分，由于盐度比较高，结冰时所需的温度比淡水低，密度最大时的水温也低于4℃。随着盐度的增加，海水的冰点和密度最大时的温度也逐渐降低。

漂浮在海洋上的巨大冰块和冰山，受风力和洋流作用而产生的运动，其推力与冰块的大小和流速有关。据1971年冬位于我国渤海湾的新"海二井"平台上观测结果计算出，一块6千米见方，高度为1.5米的大冰块，在流速不太大的情况下，其推力可达4000吨，足以推倒石油平台等海上工程建筑物。

海冰对港口和海上船舶的破坏力，除上述推压力外，还有海冰胀压力造成的破坏。经计算，海冰温度降低1.5度时，1000米长的海冰就能膨胀出0.45米,这种胀压力可以使冰中的船只变形而受损。此外,还有冰的竖向力,冻结在海上建筑物的海冰,受潮汐升降引起的竖向力,往往会破坏建筑物的基础。

南北极多年不化的海冰,叫作封海冰。封海冰与海岸相连,面积巨大。北极的封海冰,即使在夏季面积收缩时还有800多万平方千米,相当于大洋洲的面积。南极大陆周围也终年被封海冰封锁。封海冰破碎后随洋流漂泊四方,南北极不少封海冰科学站就以此为根据地研究探索极地的奥秘。航海史上,曾出现过某些海船被封海冰挟持漂流无法返回大陆的悲惨纪录。

海冰的检测方法

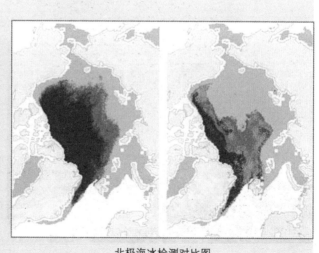

目测法:目测法是海冰监测传统的基本观测方法。这种方法是根据海冰观测规范规定、依靠观测员的眼睛和经验进行观测,如冰量、流冰密集度,流冰冰状、固定冰状等。目测法所观测的内容,目前还

北极海冰检测对比图

不能用其他观测方法完全代替，并且目测结果还是遥测法观测结果的分析依据，所以目测法继续沿用。

器测法：器测法是同目测法相结合的方法。这种方法是借助工具和仪器，依靠观测员的操作和读数据，如冰厚、冰温、冰密度，堆集高度等。这些数据是遥测法观测结果进行量值定标处理的依据，所以器测法是海冰监测的重要方法。

遥测法：遥测法是应用现代科学技术建立的先进方法。这种方法可以完全依赖仪器本身进行观测，如利用卫星能及时、同步、大范围观测海冰。彩色海冰卫星图片则能直观地一目了然地展示海冰的分布情况。但是对冰厚、冰温等要素的观测，目前远不如器测法准确。

赤　潮

赤潮

赤潮是海洋生态系统中的一种异常现象，又称红潮，被喻为"红色幽灵"，国际上也称其为"有害藻华"。它是由海藻家族中的赤潮藻在特定的环境条件下爆发性地增殖而造成的。

　　赤潮的颜色并不一定都是红色，它是由海洋浮游生物的种类来决定的：由夜光虫引起的赤潮呈粉红色或棕红色，而由某些硅藻类引起的赤潮呈黄褐色或红褐色，由某些双鞭毛藻引起的赤潮呈绿色或褐色，而由膝沟藻引起的赤潮，海水颜色没有明显的变化。甲藻类是最常见的赤潮生物。在陆上的江、河、湖泊中，有时也会发生赤潮，只不过名称叫做"湖靛"。

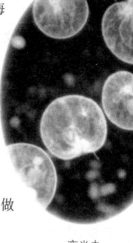

夜光虫

　　目前，世界上已有30多个国家和地区不同程度地受到过赤潮的危害，日本是受害最严重的国家之一。近十几年来，由于海洋污染日益加剧，我国赤潮灾害也有加重的趋势，由分散的少数海域发展到成片海域，一些重要的养殖基地受害尤重。对赤潮的发生、危害予以研究和防治，涉及到生物海洋学、化学海洋学、物理海洋学和环境海洋学等多种学科，是一项复杂的系统工程。

　　（1）赤潮的形成

　　赤潮是一种复杂的生态异常现象，发生的原因也比较复杂。关于赤潮发生的机理虽然至今尚无定论，但是赤潮发生的首要条件是赤潮生物增殖要达到一定的密度。否则，尽管其他因子都适宜，也不会发生赤潮，在正常的理化

海藻

环境条件下，赤潮生物在浮游生物中所占的比重并不大，有些鞭毛虫类（或者甲藻类）还是一些鱼虾的食物。但是由于特殊的环境条件，使某些赤潮生物过量繁殖，便形成赤潮。大多数学者认为，赤潮发生与下列环境因素密切相关。

①海水富营养化是赤潮发生的物质基础和首要条件

赤潮是在特定环境条件下产生的，相关因素很多，但其中一个极其重要的因素是海洋污染。大量含有各种有机物的废污水排入海水中，促使海水富营养化，这是赤潮藻类能够大量繁殖的重要物质基础，国内外大量研究表明，海洋浮游藻是引发赤潮的主要生物，在全世界4000多种海洋浮游藻中有260多种能形成赤潮，其中有70多种能产生毒素。然而赤潮生物是一种单细胞生物，其移动范围有限，它的分布、聚集和分散都直接接受到水体运动的影响。

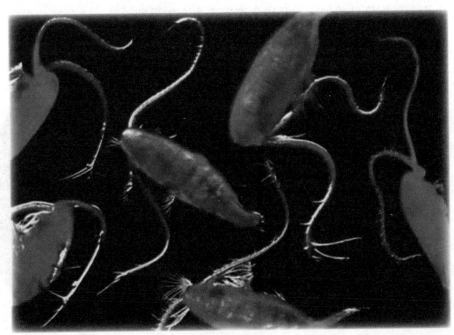

海洋浮游生物

由于城市工业废水和生活污水大量排入海中，使营养物质在水体中副集，造成海域富营养化。此时，水域中氮、磷等营养盐类；铁、锰等微量元素以及有机化合物的含量大大增加，促进赤潮生物的大量繁殖。赤潮检测的结果表明，赤潮发生海域的水体均已遭到严重污染，富营养化。氮磷等营养盐物质大大超标。据研究表

甲　藻

明，工业废水中含有某些金属可以刺激赤潮生物的增殖。此外，有一些有机物质也会促使赤潮生物急剧增殖。如用无机营养盐培养简裸甲藻，生长不明显，但加入酵母提取液时，则生长显著，加入土壤浸出液和维生素B_{12}时，光亮裸甲藻生长特别好。

②水文气象和海水理化因子的变化是赤潮发生的重要原因

海水的温度是赤潮发生的重要环境因子，20℃～30℃是赤潮发生的适宜温度范围。科学家发现一周内水温突然升高大于2℃是赤潮发生的先兆。海水的化学因子如盐度变化也是促使生物因子——赤潮生物大量繁殖的原因之一。盐度在26～37的范围内均有发生赤潮的可能，但是海水盐度在15～21.6时，容易形成温跃层和盐跃层。温、盐跃层的存在为赤潮生物的聚集提供了条件，易诱发赤潮。由于径流、涌升流、水团或海流的交汇作用，使海底层营养盐上升到水上层，造成沿海水域高度富营养化。营养盐类含量急剧上升，引起硅藻的大量繁殖。这些硅藻过盛，

虾养殖

特别是骨条硅藻的密集常常引起赤潮。这些硅藻类又为夜光藻提供了丰富的饵料，促使夜光藻急剧增殖，从而又形成粉红色的夜光藻赤潮。据监测资料表明，在赤潮发生时，水域多为干旱少雨，天气闷热，水温偏高，风力较弱，或者潮流缓慢等水域环境。

③海水养殖的自身污染也是诱发赤潮的因素之一

随着全国沿海养殖业的大发展，尤其是对虾养殖业的蓬勃发展，也产生了严重的自身污染问题。在对虾养殖中，人工投喂大量配合饲料和鲜活饵料。由于养殖技术陈旧和不完善，往往造成投饵量偏大，池内残存饵料增多，严重污染了养殖水质。另一方面，由于虾池每天需要排换水，所以每天都有大量污水排入海中，这些带有大量残饵、粪便的水中含有氨氮、尿素、尿酸及其他形式的含氮化合物，加快了海水的富营养化，这样为赤潮生物提供了适宜的生物环境，使其增殖加快，特别是在高温、闷热、无风的条件下最易发生赤潮。由此可见，海水养殖业的自身污染也使赤潮发生的频率增加。

（2）赤潮的危害

赤潮是一种世界性海洋灾害。海洋是一种生物与环境、生物与生物之间相互依存，相互制约的复杂生态系统。系统中的物质循环、能量流动都是相对稳定、动态平衡的，当赤潮发生时这种平衡遭到干扰和破坏。在植物性赤潮发生初期，由于植物的光合作用，水体会出现高叶绿素A、高溶解氧、高化学耗氧量。这种环境因素的改变，致使一些海洋生物不能正常生长、发育、繁殖，导致一些生物逃避甚至死亡，破坏了原有的生态平衡。

高度密集的赤潮生物，可能堵塞鱼、贝类的器官，造成鱼、贝类窒息死亡。有些赤潮生物能分泌毒素和其他有害物质，毒害和杀死海洋中的动植物，赤潮生物的残骸在海水中氧化分解，消耗了海水中的溶解

贝　类

氧，从而造成缺氧环境，威胁其他海洋生物的生存。

赤潮破坏了旅游区的风光，一层油污似的赤潮生物及大量死去的海洋动物被冲上海滩。由赤潮引发的赤潮毒素统称贝毒，目前确定有10余种贝毒其毒素比眼镜蛇毒素高80倍，比一般的麻醉剂，如普鲁卡因、可卡因还强10万多倍。贝毒中毒症状为：初期唇舌麻木，发展到四肢麻木，并伴有头晕、恶心、胸闷、站立不稳、腹痛、呕吐等，严重者出现昏迷、呼吸困难。赤潮毒素引起人体中毒事件在世界沿海地区时有发生，据统计，全世界因赤潮毒素的贝类中毒事件约300多起，死亡300多人。

（3）赤潮的预防

目前，赤潮对生物资源的影响已成为联合国有关组织所关注的全球性问题之一，已召开多次国际性赤潮问题研讨会，并制订出长期研究计划，重点是对赤潮发生机制、赤潮的监测和预报，以及治理赤潮

被赤潮污染的海洋生物

赤潮的研究和防治

的方法等。为了保护海洋资源环境、保证海水养殖业的发展、维护人类的健康、避免和减少赤潮灾害、必须结合实际情况，对于赤潮灾害采取相应的措施及对策。

污　水

首先，限制污水排放量，防止海水富营养化。海水富营养化是形成赤潮的物质基础。携带大量无机物工业废水及生活污水排入大海是引起海域富营养化的主要原因。因此，必须采取有效措施严格控制工业废水和生活污水向海洋超标排放。

其次，建立有效的海洋环境监视网络，加强赤潮见识。有必要把目前各主观海洋环境的单位、沿海居民、渔船、海上生产部门和社会各方面力量组织起来，开展专业和群众相结合的海洋监视活动，扩大监视海洋覆盖面，以获取赤潮和与赤潮有密切关系的污染信息。

龙卷风

龙卷风是一种强烈的、小范围的空气涡旋，是在极不稳定的天气下由空气强烈对流运动而产生的。由雷暴云底伸展至地面的漏斗状云（龙

龙卷风

卷）产生的强烈的旋风，其风力可达12级以上，最大可达100米每秒以上，甚至超过每秒200米，比台风的风速快的多。并且一般伴有雷雨，有时也伴有冰雹。

龙卷风可以发生在水上和陆地上。发生在水面上的叫做水龙卷，发生在陆地上的叫陆龙卷。火山爆发和大火灾时，容易引起巨大的陆龙卷。空气绕龙卷的轴快速旋转，受龙卷中心气压极度减小的吸引，近地面几十米厚的一薄层空气内，气流被从四面八方吸入涡旋的底部。并随即变为绕轴心向上的涡流，龙卷中的风总是气旋性的，其中心的气压可以比周围气压低10%。

龙卷风是一种伴随着高速旋转的漏斗状云柱的强风涡旋，其中心附近风速可达100~200米/秒，最大300米/秒，比台风近中心最大风速大好几倍。龙卷风具有很大的吸吮作用，可把海（湖）水吸离海（湖）面，形成水柱，然后同云相接，俗称"龙取水"。由于龙卷风内部空气极为稀薄，导致温度急剧降低，促使水汽迅速凝结，这是形成漏斗云柱的重要原因。漏斗云柱的直径平均只有250米左右。龙卷风产生于强烈不稳定的积雨云中。它的形成与暖湿空气强烈上升、冷空气南下、地形作用等有关。它的生命史短暂，一般维持十几分钟到一二小时，但其破坏力惊人，能把大树连根拔起、建筑物吹倒，或把部分地面物卷至空中。

龙卷风的形成可以分为四个阶段：（1）大气的不稳定性产生强烈的上升气流，由于急流中的最大过境气流的影响，它被进一步加强。（2）由于与在垂直方向上速度和方向均有切变的风相互作用，上升气流在对流层的中部开始旋转，形成中尺度气旋。（3）随着中尺度气旋向地面发展和向上伸展，它本身变细并增强。同时，一个小面积的增强辅合，即初生的龙卷在气旋内部形成，产生气旋的同样过程，形成龙卷核心。

被龙卷风毁坏的房屋

（4）龙卷核心中的旋转与气旋中的不同，它的强度足以使龙卷一直伸展到地面。当发展的涡旋到达地面高度时，地面气压急剧下降，地面风速急剧上升，形成龙卷。

龙卷风共分五个等级，分别是F1级、F2级、F3级、F4级和F5级。F1级龙卷风体形较小，风力较弱；F5级龙卷风体形巨大，风力极强，破坏力极大。龙卷风通常发生在夏季的雷雨天气时，尤以下午至傍晚最为多见。龙卷风的水平范围很小，直径从几米到几百米，平均为250米左右，最大为1千米左右。在空中直径可有几千米，最大有10千米。极大风速每小时可达150千米至450千米，龙卷风持续时间，一般仅几分钟，最长不过几十分钟，但造成的灾害很严重。只要是龙卷风经过的地方，往往使成片庄稼、成万株果木瞬间被毁，交通中断，房屋倒塌，人畜生命遭受损失。有时还会把人吸走，危害十分严重。

龙卷风的防范措施：

（1）在家时，务必远离门、窗和房屋的外围墙壁，躲到与龙卷风方向相反的墙壁或小房间内抱头蹲下。躲避龙卷风最安全的地方是地下室或半地下室。

（2）在电杆倒、房屋塌的紧急情况下，应及时切断电源，以防止电击人体或引起火灾。

（3）在野外遇龙卷风时，应就近寻找低洼地伏于地面，但要远离大树、电杆，以免被砸、被压和触电。

（4）汽车外出遇到龙卷风时，

及时切断电源

千万不能开车躲避，也不要在汽车中躲避，因为汽车对龙卷风几乎没有防御能力。应立即离开汽车，到低洼地躲避。

寻找低洼地伏于地面

离开汽车，到低洼地躲避

自然小百科

有关风的成语

（1）成语：顺风转舵。

出处：元·无名氏《桃花女》第二折："则你这媒人一个个，嗫人口似蜜钵，都只是随风倒舵，索媒钱赚少争多。"

典故：随着风向转换舵位。比喻顺着情势改变态度（含贬义）。

例子：于是民族主义文学家也只好～，改为对于这事件的啼哭、叫喊了。（鲁迅《且介亭杂文·中国文坛上的鬼魅》）

（2）成语：四海承风。

出处：《孔子家语·好生》："舜之为

《孔子家语》

君也，其政好生而恶杀，……是以四海承风。"

典故：指全国都接受教化。

（3）成语：贪墨成风。

出处：《左传·昭公十四年》："贪以败官为墨。"

典故：墨：不洁；贪墨：官吏受贿。官吏贪污受贿的风气盛行。形容吏治腐败。

（4）成语：谈笑风生。

出处：宋·辛弃疾《念奴娇·赠夏成玉》词："遐想后日蛾眉，两山横黛，谈笑风生颊。"

典故：有说有笑，兴致高。形容谈话谈得高兴而有风趣。

《三国演义》剧照

例子：他嘻嘻笑着，让酒让菜，~，又谈起他的山林生活。（梁斌《播火记》十七）

（5）成语：万事俱备，只欠东风。

出处：明·罗贯中《三国演义》第四十九回："孔明索纸笔，屏退左右，密书十六字曰：欲破曹公，宜用火攻；万事俱备，只欠东风。"

典故：一切都准备好了，只差东风没有刮起来，不能放火。比喻什么都已准备好了，只差最后一个重要条件了。

例子：我们现在是～，只要机器一来，马上就可以安装了。

厄尔尼诺现象

在西班牙语中，厄尔尼诺的意思是"圣婴"或"基督的孩子"。由于该现象首先发生在南美洲的厄瓜多尔和秘鲁沿太平洋海岸附近，并且多发生在圣诞节前后，因此得名。简单地说，厄尔尼诺现象就是指太平洋表层水温升高，造成鱼类大量死亡的现象。在一般情况下，热带太平洋西部的表层水较暖，而东部的水温很低。这种东西太平洋海面之间的水温梯度变化和东向的信风一起，构成了海洋–大气系统的准平衡状态。大约每隔几年，这种准平衡状态就要被打破一次，西太平洋的暖热气流伴随雷暴东移，使得整个太平洋水域的水温变暖，气候出现异常，其时间可持续一年，有时更长。这就是厄尔尼诺现象。

厄尔尼诺现象

厄尔尼诺是一种不规则重复出现的现象。一般每2~7年出现一次。1982至1983年，世界上发生了在当时被认为最严重的厄尔尼诺，全世界经济损失达130亿美元，数千人被夺去了生命，全世界的大陆都受到了它的影响。1986年，又发生了一次较弱的厄尔尼诺现象，一直持续到整个1987年。但是，20世纪90年代后，厄尔尼诺现象却出现得越来越频繁了。不仅如此，随周期缩短而来的是"厄尔尼诺现象"滞留时间的延长，这一现象引起了科学家的注意。虽然对"厄尔尼诺现象"的探索还在进行中，但科学家们普遍认为，"厄尔尼诺现象"的频频发生与地球温暖化有关，其变化的迹象表明，"厄尔尼诺现象"并不仅仅是天灾。

厄尔尼诺现象产生的影响是全球性的：澳大利亚和印尼会发生严重干旱，南亚的夏季季风降雨也会减弱，而南美洲太平洋沿岸则会发生水灾，渔业资源会受到严重损害，海洋生物分布也会发生变化。在受到厄尔尼诺直接侵害的地方，居民的住房会被水淹没，森林会受到毁坏，农作物和渔业也会受到摧残。随着厄尔尼诺的涨落，由洪水泛滥造成的水资源污染以及病菌传播而导致的各种疾病也会接连发生。

对我国来说，厄尔尼诺的影响更是明显而又复杂，主要表现在五个方面：一是厄尔尼诺年夏季主雨带偏南，北方大部少雨干旱；二是长江中下游雨季大多推迟；三是

被水淹没的房屋

秋季我国东部降水南多北少，易使北方夏秋连旱；四是全国大部冬暖夏凉；五是登陆我国的台风偏少。当然，除了上述一般规律外，也有一些例外情况。因为制约我国天气气候的因素很多，如大气环流、季风变化、陆地热状况、北极冰雪分布、洋流变化乃至太阳活动等。

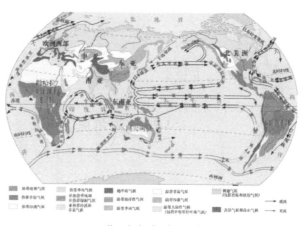

世界气候类型的分布

人们已经认识到，除了地震和火山爆发等人类无法阻止的纯粹自然灾害之外，许多灾害的发生多多少少同人类的活动有关。有科学家从厄尔尼诺发生的周期

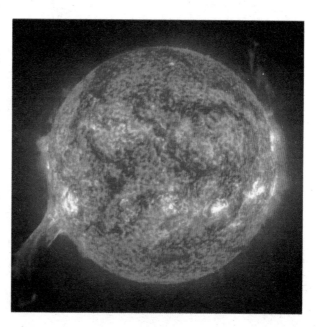

太阳活动

逐渐缩短这一点推断，厄尔尼诺的猖獗同地球温室效应加剧引起的全球变暖有关，是人类用自己的双手助长了厄尔尼诺现象的发生。

自然小百科

厄尔尼诺暖流

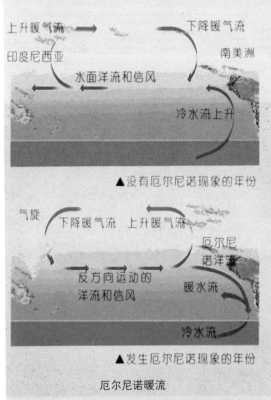

▲没有厄尔尼诺现象的年份

▲发生厄尔尼诺现象的年份

厄尔尼诺暖流

厄尔尼诺暖流是太平洋一种反常的自然现象，在南美洲西海岸、南太平洋东部，自南向北流动着一股著名的秘鲁寒流。每年的11月至次年的3月正是南半球的夏季，南半球海域水温普遍升高，向东流动的赤道暖流得到加强。恰逢此时，全球的气压带和风带向南移动，东北信风越过赤道受到南半球自偏向力的作用，向左偏转成西北季风。西北季风不但消弱了秘鲁西海岸的离岸风——东南信风，使秘鲁寒流冷水上泛减弱甚至消失，而且吹拂着水温较高的赤道暖流南下，使秘鲁寒流的水温反常升高。这股悄然而至、不固定的洋流被称之为"厄尔尼诺暖流"。十分巧的是，该暖流差不多总在每年圣诞节前后达到高潮。

拉尼娜现象

　　拉尼娜意为"小女孩"，也称为"反厄尔尼诺"或"冷事件"。它与厄尔尼诺相反，是指赤道太平洋东部和中部海面温度持续异常偏冷的现象。拉尼娜同样对气候有影响，随着厄尔尼诺的消失，拉尼娜的到来，全球许多地区的天气与气候灾害也将发生转变。但总的说来，拉尼娜的强度和影响程度不如厄尔尼诺。

拉尼娜引起的雪灾

太平洋上空的大气环流叫做沃尔克环流，当沃尔克环流变弱时，海水吹不到西部，太平洋东部海水变暖，就是厄尔尼诺现象；但当沃尔克环流变得异常强烈，就产生拉尼娜现象。一般来说，拉尼娜现象会随着厄尔尼诺现象而来，并出现在厄尔尼诺现象发生后的第二年，有的时侯还会持续两、三年。科学家认为，由于全球变暖，拉尼娜现象有减弱的趋势。

拉尼娜现象

厄尔尼诺与赤道中、东太平洋海温的增暖、信风的减弱相联系，而拉尼娜却与赤道中、东太平洋海温度变冷、信风的增强相关联。因此，实际上拉尼娜是热带海洋和大气共同作用的产物。海洋表层的运动主要受海表面风的牵制。信风的存在使得大量暖水被吹送到赤道西太平洋地区，在赤道东太平洋地区暖水被刮走，主要靠海面以下的冷水进行补充，赤道东太平洋海温比西太平洋明显偏低。当信风加强时，赤道东太平洋深层海水上翻现象更加剧烈，导致海表温度异常偏低，使得气流在赤道太平洋东部下沉，而气流在西部的上升运动更为加剧，有利于信风加强，这进一步加剧赤道东太平洋冷水发展，引发所谓的拉尼娜现象。

"拉尼娜"是一种厄尔尼诺年之后的矫枉过正现象。这种水文特征将使太平洋东部水温下降，出现干旱，与此相反的是西部水温上升，降水量比正常年份明显偏多。科学家认为："拉尼娜"这种水文现象对世界气候不会产生重大影响，但将会给广东、福建、浙江乃至整个东南沿海带来较多并持续一定时期的降雨。

灾害性海浪

灾害性海浪是指海上波高达6米以上，由台风、温带气旋、寒潮的强风作用下形成的海浪。因为6米以上波高的海浪对航行在世界各大洋的绝大多数船只已构成威胁，它常常掀翻船只，摧毁海洋工程和海岸工程，给航海、海上施工、海上军事活动、渔业捕捞带来灾难，正确及时地预报这种海浪对保证海上

灾害性海浪

安全生产尤为重要。

　　至今为止，灾害性海浪在世界上仍没有一个确切的定义。上述定义只是相对于当今世界科学技术水平和人们在海上与大自然抗争能力而言的，是相对的。因此，灾害性海浪的确切定义只能是根据海上不同级别的船只和设施，而分别给出相应级别的定义，类似于波级。例如，对于没有机械动力仍借助于风力的帆船，小马力的机帆船，游艇等小型船只，波高达2.5～3米的海浪已构成威胁。因此这种海浪对这些船只就可称为灾害性海浪；对于千吨以上和万吨以下、中远程运输作业船只波高达4～6米的巨浪已构成威胁，对它们来说4米以上的海浪即可称为灾害性海浪。随着科学技术水平的发展，人们与大自然抗争能力提高，对于

游　艇

20世纪60～70年代相继出现的20～60万吨的巨轮，一般9米以上的海浪即为灾害性海浪。所以在发布海浪预报和警报时除考虑海上一般和普遍情况外，还须根据不同任务、不同船只和不同海上设施进行特殊保证，以减少海上灾害的发生。

灾害性海浪会引起船舶横摇、纵摇和垂直运动。横摇的最大危险在于船舶自由摇摆周期与波浪周期相近时会出现共振现象，使船舶倾覆。剧烈的纵摇除了使螺旋桨露出水面、使机器不能正常工作之外，还会引起船舶失控。当海浪波长与船长相近时，由于船舶的自重导致万

海浪中的船只

吨巨轮拦腰折断。船舶在波浪中的垂直运动还会使在浅水中航行的船舶触底碰礁。

灾害性海浪到了近海和岸边，不仅会冲击摧毁沿海的堤岸、海塘、码头和各类建筑物，还会伴随风暴潮损坏船只、席卷人畜，并致使大片农作物受淹和各种水产养殖品受损。海浪所致的泥沙还会造成海港和航道淤塞。灾害性海浪对海岸的压力可达到每平方米30～50吨。巨浪冲击海岸还能激起60～70米高的水柱。

有史以来，全世界差不多有100多万艘船舶沉没于惊涛骇浪之中。中国古代航海文献中，多处记载了航海者与狂风恶浪搏斗的场面。隋唐

时期，鉴真和尚在11年中东渡日本6次，前5次都因遇飓浪而失败。公元1281年农历6月，元世祖忽必烈命范文虎率10多万军队，乘4400多艘战舰攻占日本的一些岛屿。8月23日，一次台风突然袭击，战舰几乎全部毁坏、沉没，10多万军队仅3人生还。

20世纪以来，中国近海和近岸曾发生许多由于灾害性海浪酿成的沉船事故，导致了大量人员伤亡和财产损失。1906年9月22日，一次强台风袭击北部湾时，广西沿海沉船、倒屋、冲毁海堤、淹没农田不计其数，仅合浦县和北海市就死亡几千人。1939年农历7月15日的一次强台风，风浪和海潮一起肆虐，导致滨海县的海堤决口，淹死13000人。中华人民共和国成立后，我国也曾遭受多次台风浪与风暴潮所引起的大灾难。

被冲毁的海堤

被毁坏的庄稼

台风型灾害性海浪是导致巨灾灾害的主要原因。据1982至1990年的统计，中国近海因灾害性台风海浪翻沉的各类船只达14345艘，损坏9468艘，死亡、失踪4734人，伤近4万人。平均每年沉损各

类船只2600多艘，死亡
520人。

海难事故

　　由于从我国陆地入
海温带气旋和寒潮大风
的强度难于监视和预
报，因此由它们引起的
灾害性海浪往往在海上
造成更大更多的海难事
故。1983年4月25日，
一次强气旋影响导致海
上出现11级大风和最
大波高6.7米的狂浪。
仅山东、辽宁两省的统
计，受损渔船就有1046
艘，死亡渔民23人，还
造成了大量水产养殖业
的损失。

海难事故

　　近年来，海上恶性海难事故时有发生，这种海难事故大多是船舶在
巨浪区中航行时发生的。例如1989年10月31日凌晨，渤海气旋大风突
发，渤海海峡和黄海北部的风力达8～10级，海上掀起6.5米的狂浪。这
时正由塘沽启航驶向上海的载重4800吨的"金山"号轮船受疾风狂浪的
袭击，沉没在山东省龙口市以北48海里处，船上34人全部遇难。又如，
1990年1月18日开始受冷空气影响，渤海、黄海和东海先后刮起7～8级大
风，出现4～5米的巨浪。另外，1990年11月11日上午，8000吨级的"建

海上油气勘探

昌"号中国货轮在南海海域遇到8级大风和7米狂浪的袭击而沉没，经多方救助，仍有2人遇难。

灾害性海浪给近几十年来蓬勃发展的海上油气勘探开发事业带来巨大损失。据统计，从1955年到1982年的28年中，因狂风恶浪在全球范围内翻沉的石油钻井平台就有36座。1980年8月的阿兰飓风，摧毁了墨西哥湾里的4座石油钻井平台。1989年11月3日起于泰国南部暹罗湾的"盖伊"台风横行两天，狂风巨浪使500多人失踪，150多艘船只沉没，美国的"海浪峰"号钻井平台翻沉，84人被淹死。我国类似的石油海难事故也发生多起，其中两座石油钻井平台沉没。1979年11月，"渤海2号"石油钻井平台在移动作业中遇气旋大风海浪沉没于渤海中部。平台上74人全部落水，除2人获救外其余全部遇难。1983年10月26日，美国阿克石油公司租用的"爪哇海"号钻井船在南中国海作业时，因遭8316号台风激起波高达8.5米的狂浪袭击而沉没，船上中、外人员81人同时遇难。

自然小百科

海浪的分类

（1）风浪。风浪是由风直接推动的海浪。同时出现许多高低长短不等的波浪，波面较陡，波峰附近常有浪花或大片泡沫。

（2）涌浪。涌浪是风浪传播到风区以外的海域中所表现的波浪。它具有较规则的外形，排列比较整齐，波峰线较长，波面较平滑，略近似正弦波。在传播中因海水的内摩擦作用，使能量不断减小而逐渐减弱。

海　浪

（3）海洋近岸波。海洋近岸波是风浪或涌浪传播到海岸附近，受地形的作用改变波动性质的海浪。随海水变浅，其传播速度变小，使波峰线弯转，渐渐和等深线平行；波长和波速减小。在传播过程中波形不断变化，波峰前侧不断变陡，后侧不断变得平缓，波面变得很不对称，以至于发生倒卷破碎现象，且在岸边形成水体向前流动的现象。

风暴潮

风暴潮指由强烈大气扰动，如热带气旋（台风、飓风）、温带气旋（寒流）等引起的海面异常升高现象。有人称风暴潮为"风暴海啸"或"气象海啸"，在我国历史文献中又多称为"海溢""海侵""海啸""大海潮"等。

风暴潮

按其诱发的天气系统的不同，风暴潮可分为三种类型：由热带风暴、强热带风暴、台风或飓风引起的海面水位异常升高现象，称之为台风风暴潮；由温带气旋引起的海面水位异常升高现象，称之为风暴潮；由寒潮或强冷空气大风引起的海面水位异

狂涛恶浪

常升高现象，称之为风潮。以上三种类型统称为风暴潮。

　　根据风暴的性质，风暴潮可分为由台风引起的台风风暴潮和由温带气旋引起的温带风暴潮两大类。台风风暴潮，多见于夏秋季节。其特点是：来势猛、速度快、强度大、破坏力强。凡是有台风影响的海洋国家、沿海地区均有台风风暴潮发生。温带风暴潮，多发生于春秋季节，夏季也时有发生。其特点是：增水过程比较平缓，增水高度低于台风风暴潮。主要发生在中纬度沿海地区，以欧洲北海沿岸、美国东海岸以及我国北方海区沿岸为最多。

　　风暴潮的空间范围一般由几十千米至上千千米，时间尺度或周期约为1～100小时，介于地震海啸和低频天文潮波之间。但有时风暴潮影响区域随大气扰动因子的移动而移动，因而有时一次风暴潮过程可影响一

地震海啸

两千千米的海岸区域，影响时间多达数天之久。较大的风暴潮，特别是风暴潮和天文潮高潮叠加时，会引起沿海水位暴涨，海水倒灌，狂涛恶浪，泛滥成灾。

风暴潮能否成灾，在很大程度上取决于其最大风暴潮位是否与天文潮高潮相叠，尤其是与天文大潮期的高潮相叠。当然，也决定于受灾地区的地理位置、海岸形状、岸上及海底地形，尤其是滨海地区的社会及经济情况。如果最大风暴潮位恰与天文大潮的高潮相叠，则会导致发生特大潮灾。当然，如果风暴潮位非常高，虽然未遇天文大潮或高潮，也会造成严重潮灾。依国内外风暴潮专家的意见，一般把风暴潮灾害划分为四个等级，即特大潮灾、严重潮灾、较大潮灾和轻度潮灾。

　　风暴潮灾害居海洋灾害之首位，世界上绝大多数因强风暴引起的特大海岸灾害都是由风暴潮造成的。1959年9月26日，日本伊势湾顶的名古屋一带地区，遭受了日本历史上最严重的风暴潮灾害。最大风暴增水曾达3.45米，最高潮位达5.81米。当时，伊势湾一带沿岸水位猛增，暴潮激起千层浪，汹涌地扑向堤岸，防潮海堤短时间内即被冲毁。造成了5180人死亡，伤亡合计7万余人，受灾人口达150万，直接经济损失852亿日元。1970年11月13日，孟加拉湾沿岸发生了一次震惊世界的热带气旋风暴潮灾害。这次风暴增水超过6米的风暴潮夺去了恒河三角洲一带30万人的生命，溺死牲畜50万头，使100多万人无家可归。

　　中国历史上，由于风暴潮灾造成的生命财产损失触目惊心。1782年清代的一次强温带风暴潮，曾使山东无棣至潍县等7个县受害。1895年4月28、29日，渤海湾发生风暴潮，几乎毁掉了大沽口全部建筑物，海防各营死者2000余人。1922年8月2日一次强台风风暴潮袭击了汕头地区，造成特大风暴潮灾。据统计，汉代至公元1946年的二千年间，我国沿海共发生特大潮灾576次，一次潮灾的死亡人数少则成

风暴潮灾

百上千，多则上万及至十万之多。1949至1993年的45年中，我国共发生过最大增水超过1米的台风风暴潮269次，其中风暴潮位超过2米的49次，超过3米的10次。共造成了特大潮灾14次，严重潮灾33次，较大潮灾17次和轻度潮灾36次。

早在20世纪20、30年代，世界主要海洋国家就已经在天气预报和潮汐预报的基础上，开始了风暴潮的预报研究工作。受风暴潮影响比较严重的国家也相继成立了预报机构，如何防范和减少灾害的损失正为各海洋国家所重视。日本是经常遭受风暴潮袭击和影响的国家之一，日本政府和有关部门对防灾减灾工作极为重视，不仅加强有关这方面的科学研究，还制订了一系列应急措施。美英等一些国家，目前也正以高科技装备实现了预警系统的自动化、现代化，对风暴潮的监测、监视、通讯、预警、服务等基本做到高速、实时、优质。美国不仅由所属海洋站的船只、浮标、卫星等自动化仪器实现对风暴潮的自动监测，还通过世界卫

卫星监测

星通讯系统定时进行传输，有效地提高了时效，整个预警过程的时间间隔不超过3小时。

我国对风暴潮灾的防范工作，也随着事业的发展和客观的需要日益得到重视和加强。目前在沿海已建立了由280多个海洋站、验潮站组成的监测网络，并配备了比较先进的机器和计算机设备，利用电话、无线电、电视和基层广播网等传媒手段，进行灾害信息的传输。